Paramasivam Deepak
Rajamani Sowmiya
Pachiappan Perumal

# Bio-actividades de Turbinaria ornata e das suas nanopartículas de prata

Paramasivam Deepak
Rajamani Sowmiya
Pachiappan Perumal

# Bio-actividades de Turbinaria ornata e das suas nanopartículas de prata

ScienciaScripts

**Imprint**



Cover image: www.ingimage.com

This book is a translation from the original published under ISBN 978-620-2-07119-2.

Publisher:
Sciencia Scripts
is a trademark of
Dodo Books Indian Ocean Ltd. and OmniScriptum S.R.L publishing group

120 High Road, East Finchley, London, N2 9ED, United Kingdom
Str. Armeneasca 28/1, office 1, Chisinau MD-2012, Republic of Moldova, Europe
Printed at: see last page
**ISBN: 978-620-8-26394-2**

# RECONHECIMENTO

*"A gratidão é uma oportunidade de ouro para reconhecer alguém"*

Estou profundamente grato ao meu orientador, **Dr. P. Perumal,** Professor e Diretor do Departamento de Biotecnologia da Universidade de Periyar, Salem, por me ter encorajado e orientado ao longo deste projeto.

Gostaria de estender os meus agradecimentos ao **Dr. P. Venkatachalam**, Professor Associado, ao **Dr. N. Elangovan,** ao **Dr. D. Natarajan,** ao **Dr. P. Indra Arulselvi** e ao **Dr. M. S. Shivakumar,** Professores Assistentes, Departamento de Biotecnologia, Universidade de Periyar, pelas suas amáveis sugestões durante o curso da minha investigação.

Os meus agradecimentos são devidos ao **Dr. V. Balasuhramanian,** UGC - Dr. D. S. Kothari Post-Doctoral Fellow e ao **Dr. M. Raja,** DST-Young Scientist, Department of Biotechnology, Periyar University, pela sua imensa ajuda e encorajamento ao longo deste projeto.

Registo os meus sinceros agradecimentos ao Dr. S. Kumar e aos Srs. C. Rajthilak, R. Ramkumar, A. Pazhanimuthu, T. Natarajan, G. Balasubramani, M. Anandhi, R. Keerthana, R. Sowmiya e aos bolseiros de investigação do Departamento de Biotecnologia da Universidade de Periyar, pelo seu apoio.

Por último, agradeço sinceramente ao meu querido pai, **N. PARAMASIVAM**, à minha mãe, **P. SIVAKAMI** (falecida), à minha irmã e ao meu irmão pelos seus cuidados e paciência que me ajudaram a concluir com êxito o meu trabalho de investigação. Acima de tudo, estou em dívida para com "O Todo-Poderoso" pela bênção que me concedeu.

## Conteúdo

# CAPÍTULO 1

# INTRODUÇÃO

Os oceanos cobrem cerca de 70% da superfície do planeta e neles habita uma abundância de biodiversidade, sendo o ambiente marinho o habitat de 97% de todas as espécies da Terra. Deste espaço, a maior parte é representada por águas profundas. Este habitat é fundamental para a saúde do planeta, uma vez que contém mais de 10 vezes o carbono de todas as plantas e solos terrestres juntos. Tem também uma influência moderadora na temperatura e na atmosfera do nosso planeta. Os oceanos, os ecossistemas costeiros e a sua biodiversidade são vitais para a "vida" na Terra. Desempenham um papel fundamental na reciclagem global de nutrientes e na regulação do clima e fornecem aos seres humanos uma vasta gama de recursos e serviços.

A nível mundial, a vida nos nossos mares produz um terço do oxigénio que respiramos e o consumo humano de peixe representa 16% do nosso abastecimento de proteínas animais, sendo particularmente importante como fonte de proteínas para as populações dos países em desenvolvimento. Vários compostos provenientes dos oceanos apresentam actividades farmacológicas e a descoberta de compostos bioactivos é útil sobretudo para a prevenção de doenças mortais como o cancro, a síndrome da imunodeficiência adquirida (SIDA), etc., enquanto outros compostos foram desenvolvidos para tratar inflamações, etc. As algas marinhas estão amplamente distribuídas nas regiões costeiras de muitos continentes. Foram realizados vários trabalhos sobre os extractos de algas marinhas. Foi relatado que os extractos de algas marinhas apresentam atividade antibacteriana (Ulia Marton-Lefevre, 2006).

As fontes marinhas estão a receber muita atenção, principalmente devido ao conteúdo de ingredientes funcionais como os ácidos poli-insaturados, o caroteno e os seus pigmentos carotenóides, os polissacáridos sulfatados e os esteróis. Entre os diferentes compostos com propriedades funcionais, os antioxidantes e os antibacterianos têm sido os mais estudados. Foram realizadas várias investigações utilizando extractos de algas marinhas, tendo sido relatada a sua atividade antibacteriana. As algas, para além de serem um alimento saudável devido ao seu baixo teor calórico e ao seu elevado teor de fibras e minerais, podem ser uma potencial fonte natural de ingredientes funcionais (Rajasekar *et al.*, 2013).

No meio marinho habitam 34 dos 36 filos vivos e mais de 300 000 espécies conhecidas de fauna e flora. Sabe-se que o meio marinho contém mais de 80% das espécies vegetais e animais do mundo. Nos últimos anos, foram extraídos muitos compostos bioactivos de várias plantas marinhas, animais marinhos e micróbios marinhos.

## BIODIVERSIDADE MARINHA

A biodiversidade marinha refere-se à variedade de vida nos ambientes costeiros e oceânicos. O ambiente marinho é o habitat de muitas espécies de plantas, animais e microorganismos. Em geral, as espécies marinhas têm maior diversidade genética do que as espécies de água doce e terrestres. Num estudo comparativo de peixes, Ward *et al.* (1994) mostraram que a heterozigotia média era semelhante nas subpopulações de espécies marinhas e de água doce, mas era consideravelmente menor nas espécies de água doce. O ambiente marinho é um reservatório excecional de produtos naturais bioactivos, que produziu várias estruturas novas com propriedades biológicas únicas, que podem não ser encontradas em produtos naturais terrestres. O ambiente oceânico é extremamente complexo, apresentando variações extremas de pressão, salinidade, temperatura e habitats biológicos. Entre os grupos de organismos marinhos, as esponjas são os mais diversos e abundantes, devido aos seus corpos moles e estilos de vida sedentários. Estes invertebrados marinhos desenvolveram mecanismos químicos de defesa contra outros organismos invasores, que envolvem a produção de metabolitos secundários.

Doyle *et al.* (1991) analisaram os aspectos genéticos da aquicultura e concluíram que as práticas actuais conduziram a reduções da diversidade genética e da manutenção de muitas raças, pelo que são necessárias metapopulações de espécies marinhas. Grassle (1991) argumenta que uma proporção considerável da diversidade genética do planeta se encontra provavelmente em organismos de profundidade e recomenda estudos genéticos da fauna das fontes hidrotermais, que são naturalmente tolerantes a elevadas concentrações de elementos tóxicos produzidos pelas fontes.

Os organismos marinhos continuam a ser um recurso largamente inexplorado, especialmente para a sua aplicação biotecnológica. Muitos organismos são compostos por moléculas e materiais que exibem caraterísticas e propriedades interessantes que constituem uma reserva inspiradora para o desenvolvimento de novos produtos orientados para a medicina (Silva et *al.,* 2012). Os organismos marinhos são muito úteis no domínio da indústria alimentar, da produção de medicamentos e de cosméticos (por exemplo, algas, esponjas, peixes, etc.). Destes, uma vasta gama de diversidade de algas marinhas foi considerada muito útil para o desenvolvimento da saúde humana. O ambiente marinho é a única área maior para colher muitos tipos de algas que nos interessam. Além disso, muitos tipos de plantas e animais marinhos são utilizados como alimento tradicional (por exemplo, peixes, moluscos, crustáceos, plantas aquáticas e micrófitas).

## DIFERENÇAS ENTRE O MEIO MARINHO E O MEIO TERRESTRE

Os ecossistemas terrestres e aquáticos diferem em vários aspectos. As plantas terrestres vivem em condições de menor salinidade do que as macroalgas marinhas e, além disso, a maior parte das algas marinhas são halofílicas por natureza. Por conseguinte, os seus produtos de fotossíntese são totalmente diferentes dos das plantas terrestres. Assim, os compostos bioactivos das algas marinhas são completamente diferentes dos das plantas terrestres. Com base nas propriedades funcionais presentes nas algas marinhas, estas podem ter melhores propriedades medicinais. E também uma razão por detrás da seleção da fonte marinha como matéria-prima para a conceção de medicamentos é a utilização contínua dos medicamentos produzidos a partir das plantas terrestres que se mostram resistentes a muitos agentes patogénicos clínicos nocivos.

As espécies animais marinhas são frequentemente mais diversificadas do ponto de vista genético do que as suas congéneres terrestres (Gray 1997, Ward *et al.*, 1994), embora esta diversidade tenda a ser menos estruturada espacial ou geograficamente. Algumas das principais caraterísticas da história de vida que distinguem muitos animais marinhos dos que vivem em terra são consequências diretas da evolução num meio aquático; a prevalência da fertilização externa e a produção de um grande número de descendentes extremamente pequenos e bem dispersos (em relação aos progenitores). Estes factores têm implicações profundas nas reservas marinhas e terrestres. Em primeiro lugar, devido ao facto de as crias da maioria das espécies marinhas serem pequenas (e a maioria pelágica), são mais vulneráveis a influências físicas do que as crias terrestres, sofrendo assim grandes flutuações de sobrevivência. Este facto leva a diferenças dramáticas na força do recrutamento de ano para ano, independentemente da dimensão da população adulta local (Mark H. Carr et *al.*, 2001).

Os oceanos estão repletos de organismos vivos e contêm mais flora e fauna do que a terra. No decurso da evolução, o ambiente marinho tem sido dotado de diversas condições, tais como elevada concentração de sal, baixa temperatura, alta pressão e baixa disponibilidade de nutrientes. As condições extremas exigem estratégias de adaptação únicas que conduzem ao desenvolvimento de novos produtos, que diferem das estruturas conhecidas dos organismos terrestres. Até à data, foram isolados cerca de 7000 produtos naturais marinhos, 25% dos quais são provenientes de algas, 33% de esponjas, 24% de celenterados e 24% de outros (Radhika et *al.,* 2007).

## SEMENTES DO MAR

As algas marinhas são um grupo de plantas marinhas que se fixam no fundo das águas costeiras relativamente pouco profundas. As algas marinhas não são tão complexas como as plantas com flor, uma vez que não têm raízes, flores, sementes e folhas verdadeiras. No entanto, dentro destas limitações estruturais, as algas marinhas apresentam diversidade de forma, tamanho, cor e complexidade estrutural. As plantas marinhas são plantas marinhas simples que crescem em águas pouco profundas nos limites dos oceanos (Blunden, 1993).

Juntamente com as algas microscópicas denominadas fitoplâncton, as algas marinhas contribuem para a cadeia alimentar no mar, servem de habitat a muitos animais marinhos diferentes, conferem beleza à paisagem subaquática e são diretamente valiosas para o homem como alimento e como matéria-prima industrial. As algas são plantas fotossintéticas relativamente simples com estrutura reprodutiva unicelular. Podem ser organismos unicelulares ou plantas filamentosas ou talóides não vasculares. Existem mais de 20.000 espécies de macroalgas no mundo; a Índia possui 434 espécies de algas vermelhas, 194 espécies de algas castanhas e 216 espécies de algas verdes (NASS, 2003).

As algas marinhas de crescimento natural são designadas por algas selvagens, em contraste com as algas cultivadas ou cultivadas. As macroalgas são por vezes capazes de resistir em água doce (por exemplo, *Fucus)* e, ocasionalmente, podem até adaptar-se a uma salinidade permanentemente baixa (por exemplo, *Ulva).* As algas marinhas produzem o seu próprio alimento e, por isso, são consideradas produtores primários. Utilizam a energia solar para produzir hidratos de carbono a partir do dióxido de carbono e da água através do processo de "fotossíntese". Durante o processo, o oxigénio é dado como subproduto (Nanthini Devi *et al.,* 2012).

As algas marinhas têm sido de interesse energético na área biomédica, principalmente devido ao seu conteúdo de substratos bioactivos e mostram um grande potencial como fármacos anti-inflamatórios, antimicrobianos, antivirais e anti-tumorais (Blunden, 1993). Várias algas marinhas também têm sido usadas no tratamento de doenças pulmonares, renais, estomacais e intestinais como vermífugos, purgantes e também no tratamento de pacientes oncológicos. As substâncias mirny obtidas a partir das algas marinhas, como o alginato, a carragenina e o ágar como fitocolóides, têm sido utilizadas há décadas em medicina e farmacologia (Taksin et *al.,* 2007). Os metabolitos secundários ou primários destes organismos podem ser potenciais compostos bioactivos de interesse para as indústrias farmacológicas (Kolanjinathan et *al.,* 2009).

## CLASSIFICAÇÃO DAS ALGAS MARINHAS

As algas marinhas são classificadas em sete grandes grupos com base na pigmentação, na estrutura morfológica e nas diferenças fisiológicas. São eles:

**a) Chlorophyta:**

É constituída por algas "verdes" unicelulares e multicelulares. A sua principal caraterística é a posse do pigmento clorofila para efetuar a fotossíntese. As principais algas incluem *Chlorella, Chlamydomonas, Protothecoides, Spirogyra, Anabaena*, etc.

**b) Bacillariophyta:**

As diatomáceas são o principal grupo de algas e um dos tipos mais comuns de fitoplâncton. A maioria das diatomáceas é unicelular, embora possam existir como colónias em forma de filamentos ou fitas (por exemplo, *Fragillaria),* leques (por exemplo, *Meridion),* ziguezagues (por exemplo, *Tabellaria)* ou colónias estreladas (por exemplo, *Asterionella).*

c) **Euglenófitas :**

*A Euglena* é a principal alga desta classe. Trata-se de um eucariota unicelular comum. No entanto, possui o cloroplasto para realizar a fotossíntese e também um flagelo para se movimentar.

d) **Chrysophyta:**

As Chrysophyta, ou algas castanhas douradas e diatomáceas, têm o seu nome devido aos pigmentos amarelos que possuem. Estas algas unicelulares vivem tanto em água doce como em água salgada. As suas paredes celulares não têm celulose, sendo maioritariamente compostas por pectina, que é frequentemente preenchida com sílica, um composto que torna a parede bastante rígida. Estas algas armazenam energia sob a forma de hidratos de carbono e de grandes gotículas de óleo.

e) **I'haeophyta:**

Consiste principalmente em macroalgas marinhas como Kelp, *Sargassum,* etc., e também produzem alguns pigmentos como carotenóides e flavonóides como a violaxantina.

f) **Rhodophyta:**

Os principais organismos representativos incluem as espécies dos géneros: *Gracilaria* e *Gelidium,* e são economicamente importantes, uma vez que são o armazém de compostos como a celulose, a carragenina, o ácido algínico, o ágar-ágar, a agarose e outros polímeros importantes.

g) **Pyrrophyta:**

Os organismos representativos são os dinoflagelados (Gonyaulax spp e *Noctiluca* spp). Sabe-se que causam intoxicação por crustáceos e moluscos no ser humano. A produção de exotoxinas que actuam como neuro-inibidores está bem documentada (Kalavathi, 2011)

São assim agrupadas de acordo com os pigmentos fotossintéticos e acessórios que possuem e que, por sua vez, reflectem determinadas cores de luz, dando origem ao que parecem ser plantas marinhas verdes, castanhas e vermelhas. Todas as plantas marinhas contêm clorofila *a* - o pigmento fotossintético.

Cobrem os litorais rochosos em faixas horizontais, com as algas verdes a crescerem ao longo da linha da maré alta, as algas castanhas entre a maré alta e a maré baixa e as algas vermelhas a viverem nas águas abaixo da linha da maré baixa. Esta zonação é regulada em grande parte pela disponibilidade e pela forma como a luz solar penetra nas águas oceânicas a maiores profundidades do que os comprimentos de onda laranja-vermelho. As algas marinhas são macroalgas marinhas que crescem apenas no ambiente salgado da água do mar. Mas também algumas algas marinhas são cultivadas em água doce. Existem muitas diferenças entre as plantas terrestres e as algas marinhas, devido a algumas diferenças na taxa de metabolismo das algas marinhas, uma atividade antibacteriana, anticancerígena e antimalárica adicional em comparação com a das plantas terrestres. Além disso, as algas marinhas não são sazonais, podendo ser colhidas em grandes quantidades ao longo de todo o ano. Todas as algas têm alguma atividade antibacteriana, pelo que se pode obter um composto que funcione contra os MDRO (organismos multirresistentes).

As algas marinhas são consideradas como uma fonte de compostos bioactivos com actividades cistostáticas, antivirais, anti-helmínticas, antifúngicas e antibacterianas. Também têm sido utilizadas para tratar algumas doenças como o cancro, a artrite, etc. As algas marinhas são fontes vivas renováveis que também são utilizadas como alimentos, rações e fertilizantes em muitas partes do mundo. Têm sido amplamente analisadas para isolar medicamentos que salvam vidas ou substâncias biologicamente activas em todo o mundo.

## UTILIZAÇÕES DAS ALGAS MARINHAS

As algas marinhas são um dos recursos vivos marinhos importantes que podem ser designados como plantas futuristas promissoras e têm sido uma fonte de alimentos e medicamentos. Vivem frequentemente em ambientes extremos de luz, salinidade e temperatura. Para se adaptar a estas condições extremas, a maioria das algas produz uma grande variedade de metabolitos secundários que têm frequentemente actividades biológicas potentes. Constitui uma fonte rica de metabolitos secundários estruturalmente diversos. Mais de 2 400 metabolitos secundários foram isolados e descritos a partir das divisões Rhodophyta, Phaeophyta e Chlorophyta, muitos dos quais com excelente atividade biológica. As funções destes metabolitos secundários são a defesa contra herbívoros, organismos incrustantes e agentes patogénicos; desempenham também um papel na reprodução, na proteção contra a radiação UV e como agentes alelopáticos. As algas marinhas de várias localidades foram avaliadas relativamente a uma vasta gama de actividades biológicas, como as actividades antibacteriana, antiviral, antifúngica, antialgal, antitumoral, anti-hipercolesterolémica, anticoagulante e antioxidante. As actividades antibacterianas e antioxidantes têm sido as propriedades mais amplamente investigadas nas algas marinhas em todo o mundo (Nanthini Devi *et al.,* 2012).

Chinnadurai et *al.* (2008) referiram que as algas marinhas podem ser utilizadas como biopesticida para controlar a doença da mancha foliar na planta medicinal *Gymnema sylvestre* R. Br. As algas marinhas têm sido amplamente utilizadas como alimento durante séculos na Ásia, mas nos países ocidentais são geralmente utilizadas para a produção de produtos químicos valiosos. Os seus principais componentes, as carrageninas, são utilizados como ingredientes em alimentos, produtos farmacêuticos e diversos produtos de consumo e processos industriais. A maior parte das investigações diz respeito a compostos bioactivos de algas marinhas que lidam com agentes patogénicos humanos e os estudos relacionados com fitopatógenos restringem-se a agentes patogénicos de culturas comerciais como o tabaco, os citrinos e o arroz (Chinnadurai *et al.*, 2008). A atividade antioxidante foi comunicada em numerosos géneros de algas marinhas, incluindo *Anfeltiopsis, Colpomenia, Gracilaria, Halymenia, Hydroclathrus, Laurencia, Padma, Polysiphonia* e *Turbinaria* (Dovi *et al.*, 2012). Os antioxidantes naturais das algas são conhecidos por desempenharem um papel importante contra várias doenças e processos de envelhecimento. Os compostos antioxidantes detectados em algas destes géneros e de outros têm potenciais propriedades anti-envelhecimento, dietéticas, anti-inflamatórias, antibacterianas, antifúngicas, citotóxicas, antimaláricas, anti-proliferativas e anticancerígenas (Dovi *et al.*, 2012).

## COMPOSTOS BIOACTIVOS

As macroalgas marinhas (algas marinhas) são ricas em compostos bioactivos que podem ser potencialmente explorados como ingredientes funcionais para aplicações na saúde humana e animal. As algas marinhas são consideradas como fonte de compostos bioactivos, uma vez que produzem uma grande variedade de metabolitos secundários caracterizados por um amplo espetro de actividades biológicas. Muitos compostos bioactivos podem ser extraídos das algas marinhas. As espécies bacterianas são responsáveis pela mortalidade na população humana porque a sua infeção causa doenças como a gastroenterite de origem alimentar, infecções secundárias, mastite e complicações respiratórias superiores. O habitat marinho da Índia tem diversas algas marinhas, espalhadas pelas regiões entre marés e de águas profundas da costa indiana. Já está documentado que as algas marinhas da costa sudeste da Índia têm propriedades antibacterianas (Rameshwari & Abirami 2013).

Apesar dos esforços intensivos que estão a ser feitos para isolar e identificar novos compostos com potenciais actividades medicinais, de saúde ou farmacêuticas, estão disponíveis muito poucos compostos com verdadeira potência. Os compostos bioactivos mais extensivamente investigados incluem polissacáridos sulfatados, florotaninos e diterpenos (Gupta *et al.*, 2011). Foi relatado que estes compostos possuem fortes propriedades antivirais, anti-tumorais e anti-cancerígenas. Ao mesmo tempo, o potencial prebiótico para a saúde dos polissacáridos das algas marinhas está também a ser cada vez mais estudado, quer através da alimentação de animais de laboratório e de criação com algas marinhas inteiras, quer com polissacáridos purificados (Gupta et *al.*, 2011).

Muitas das algas marinhas possuem componentes bioactivos que inibem o crescimento de alguns dos agentes patogénicos bacterianos Gram positivos e Gram negativos. Os extractos de macroalgas marinhas foram utilizados como agentes curativos e preventivos para várias doenças, como antibióticos, anti-helmínticos, remédios para a tosse, anti-hipertensivos, antitumorais e antidiarreicos. O ambiente marinho contém uma fonte de materiais funcionais, incluindo ácidos gordos polinsaturados, polissacáridos, minerais e vitaminas essenciais, antioxidantes, enzimas e péptidos bioactivos. Entre os organismos marinhos, as algas marinhas são fontes ricas de compostos bioactivos estruturalmente diversos com várias actividades biológicas. Recentemente, a sua importância como fonte de novas substâncias bioactivas está a crescer rapidamente e os investigadores revelaram que os compostos originários de algas marinhas apresentam várias actividades biológicas (Rajasekar et al., 2013).

## PATÓGENOS

Um "agente patogénico" é um agente microbiano específico que provoca uma resposta inflamatória/doença no hospedeiro que alberga o organismo. O agente patogénico evita as respostas do hospedeiro e, por fim, causa a doença através de diferentes vias bioquímicas e biossintéticas, utilizando determinados factores denominados antigénios. Os antigénios são os compostos primários que evocam a resposta do hospedeiro sob a forma de inflamação. O corpo humano/hospedeiro tem uma variedade de respostas imunitárias para contrariar estes organismos antigénicos. Ocasionalmente, estas respostas do hospedeiro são ajudadas pela flora bacteriana normal que segrega determinados compostos para impedir que os factores antigénicos afectem o organismo hospedeiro. Por vezes, o antigénio consegue escapar às respostas do hospedeiro, ao mesmo tempo que compromete o sistema imunitário do hospedeiro.

Para combater estas doenças, existem inúmeros medicamentos. No entanto, existe um grande risco de o organismo desenvolver resistência aos medicamentos. O melhor exemplo disso é o caso do *Staphylococcus aureus* resistente à meticilina (MRSA). Esta estirpe específica de *Staphylococcus aureus* é muito perigosa, na medida em que não responde ao tratamento, mesmo com antibióticos de quarta geração. Por conseguinte, pode haver repercussões graves que conduzam a mortes a longo prazo.

As doenças bacterianas são a maior ameaça para a população humana. As bactérias patogénicas para o homem têm potencial para causar as seguintes doenças: infecções cutâneas, pneumonia, tétano, febre tifoide, difteria, sífilis, meningite e lepra. A prevenção de surtos ou o tratamento das doenças com medicamentos ou produtos químicos resolve estes problemas. Atualmente, a utilização de antibióticos aumenta significativamente devido a infecções bacterianas graves. O uso indiscriminado de antibióticos resultou na acumulação de estirpes bacterianas patogénicas mais resistentes e também em alguns efeitos secundários para o ser humano. Assim, a solução final é o desenvolvimento de medicamentos antibacterianos a partir de fontes naturais contra os agentes patogénicos humanos.

A descoberta dos antibióticos foi considerada um avanço que salvou a vida dos seres humanos contra os agentes patogénicos. No entanto, nas últimas décadas, vários agentes patogénicos desenvolveram resistência aos antibióticos, em especial o *Staphylococcus aureus* resistente à meticilina (MRSA) e os Enterococos resistentes à vancomicina (VRE). Além disso, o aparecimento da New Delhi Metallo P-lactamase (NDM-1), resistente a todos os antibióticos recentes de uso comum, suscita sérias preocupações quanto ao seu controlo. Estas bactérias resistentes aos medicamentos são agentes patogénicos emergentes cujos perfis de resistência constituem um grande desafio para a sua propagação e impacto na saúde humana. O aparecimento contínuo de resistência aos antibióticos em microrganismos patogénicos e oportunistas obrigou a comunidade científica a procurar uma alternativa. Um dos esforços recentes para enfrentar este desafio consiste na exploração de nanopartículas antimicrobianas. As nanopartículas inorgânicas oferecem muitas vantagens distintas na redução da toxicidade aguda e na superação da resistência, bem como na redução do custo, improvável, dos antibióticos convencionais.

O aparecimento de micróbios resistentes aos medicamentos levou a um aumento do clamor pelos novos e inovadores antimicrobianos, que são muito mais eficazes na luta contra as estirpes resistentes aos medicamentos. A tónica é colocada no desenvolvimento de medicamentos naturais aos quais os organismos demoram muito mais tempo a desenvolver resistência. A melhor forma de realizar esta investigação é a extração de antimicrobianos de algas marinhas. As algas marinhas estão constantemente expostas a condições adversas, o que as torna propensas a produzir melhores compostos que podem possuir atividade antimicrobiana. As algas marinhas produzem compostos bioactivos que são principalmente metabolitos secundários.

As algas marinhas são o recurso marinho mais acessível da zona costeira que ocupa uma fonte potencialmente importante de compostos bioquímicos. A importância farmacêutica das algas marinhas é bem conhecida em todo o mundo e têm sido envidados grandes esforços para extrair substâncias das algas. Existem vários relatórios sobre a importância medicinal das algas marinhas pertencentes a Phaeophyceae, Rhodophyceae e Chlorophyceae de todo o mundo. Foram relatados anteriormente muitos estudos sobre o estudo antimicrobiano das algas marinhas.

A terapia revolucionada pela utilização de medicamentos antimicrobianos tem certas limitações devido à alteração dos padrões de resistência dos agentes patogénicos e aos efeitos secundários que produzem. Estas limitações exigem a melhoria das propriedades farmacocinéticas, o que torna necessária a investigação contínua de novos compostos antimicrobianos para o desenvolvimento de medicamentos. Há uma série de relatórios sobre a atividade antimicrobiana das algas marinhas em vários agentes patogénicos (Rajasekar *et al.,*

2013).

## MULTIRRESISTÊNCIA

O termo multirresistência refere-se a um microrganismo, especialmente um agente patogénico, que se tornou resistente a vários tipos de antibióticos. Atualmente, a multirresistência é muito comum e cria uma situação crítica para a procura de soluções. Nos hospitais, os doentes podem, por vezes, ser infectados por germes comuns e invulgares (bactérias, fungos e vírus). São as chamadas infecções associadas aos cuidados de saúde. Por vezes, estas infecções são graves e, em situações raras, podem ser letais. Nos últimos anos, algumas infecções associadas aos cuidados de saúde foram causadas por bactérias que desenvolveram resistência a mais do que um antibiótico. Este tipo de infeção é mais frequente em pessoas muito doentes ou com o sistema imunitário muito debilitado, que requerem a utilização frequente de antibióticos. O centro clínico, tal como os hospitais que servem pacientes gravemente doentes com sistemas imunitários enfraquecidos, teve de gerir vários tipos de bactérias multirresistentes (National Institutes of Health Clinical Center, Bethesda 2013).

O controlo dos organismos multirresistentes (MDRO) é importante porque:

- São resistentes à terapia antimicrobiana habitual
- Aumentam a morbilidade e a mortalidade dos doentes
- Têm o potencial de se disseminar e atuar como reservatório de genes de resistência para a transmissão a outros organismos.

Desde a introdução dos antibióticos no tratamento de infecções humanas e na utilização em animais destinados à alimentação humana, tem havido muitas provas de que as bactérias podem sofrer mutações e adaptar-se para sobreviver. As bactérias desenvolvem mecanismos para resistir à ação dos antibióticos e, desta forma, tornam-se resistentes à sua utilização na prática clínica. Certas bactérias parecem desenvolver resistência mais rapidamente do que outras. Estas bactérias podem desenvolver multirresistência a vários antibióticos, o que pode limitar seriamente as opções terapêuticas (Guidelines for the Control of Multidrug-resistant Organisms in New Zealand, 2007).

A utilização de antibióticos é o fator mais importante que conduz à resistência aos antibióticos em todo o mundo. Os antibióticos contam-se entre os medicamentos mais frequentemente prescritos na medicina humana. No entanto, cerca de 50% de todos os antibióticos receitados às pessoas não são necessários ou não têm a eficácia óptima que lhes foi prescrita. Os antibióticos são também habitualmente utilizados em animais destinados à alimentação humana para prevenir, controlar e tratar doenças, bem como para promover o crescimento de animais produtores de alimentos. A utilização de antibióticos para promover o crescimento não é necessária e esta prática deve ser progressivamente eliminada. Orientações recentes da U.S. Food and Drug Administration (FDA) descrevem um caminho para atingir este objetivo. É difícil comparar diretamente a quantidade de medicamentos utilizados nos animais destinados à alimentação humana com a quantidade utilizada nos seres humanos, mas há provas de que são utilizados mais antibióticos na produção alimentar.

## TIPOS DE BACTÉRIAS MULTIRRESISTENTES

Existem muitos tipos diferentes de bactérias multirresistentes que podem ser facilmente encontradas no ambiente, incluindo na água e no solo. Representam um risco muito pequeno para as pessoas saudáveis e algumas são transportadas como parte das bactérias normais nos seus corpos ou na sua pele. Estas podem incluir *Acinetobacter, Klebsiella, Staphylococci* (MRSA) e *Escherichia coli.* Estas infecções ainda podem ser tratadas, mas são resistentes a alguns tipos comuns de antibióticos (Jane McGeown, 2013).

Exemplos de bactérias multirresistentes incluem: *Enterococos* resistentes à vancomicina (VRE), *Acinetobacter baumannii* multirresistente (MDRAB), bactérias produtoras de beta-lactamase de espetro alargado (ESBL) e organismos resistentes aos carbapenemes (CRE, que podem incluir bactérias como KPC-Klebsiella ou KPC-E. *coll).* As bactérias multirresistentes podem propagar-se de doente para doente através das mãos do pessoal de saúde ou de superfícies contaminadas, como grades de cama, corrimões, mesas de cabeceira e equipamento médico (National Institutes of Health Clinical Center Bethesda, 2013).

Nos hospitais indianos, o MRSA (*Staphylococcus aureus* resistente à meticilina*)* é uma das causas comuns de infecções adquiridas em hospitais e diferentes hospitais comunicaram entre 30 a 80% de resistência à meticilina com base em testes de sensibilidade aos antibióticos. A resistência à meticilina é devida à presença de um gene que codifica a proteína de ligação à penicilina (PBP 2A) com uma baixa afinidade para antibióticos 0-lactâmicos. Este gene é transportado no cromossoma de cassete *estafilocócico* (SCC) Mec, um elemento genético móvel único, integrado no cromossoma *estafilocócico.*

## NANOTECNOLOGIA

As nanopartículas são de grande interesse científico, uma vez que fazem a ponte entre os materiais a granel e as estruturas atómicas ou moleculares (Khan *et al.,* 2013). A nanotecnologia descreve coletivamente a tecnologia e a ciência que envolvem partículas à escala nanométrica que aumentam o âmbito da investigação e da regulação da interação a nível celular entre materiais sintéticos e sistemas biológicos. Pode ser utilizada como uma ferramenta eficaz para explorar os melhores processos no sistema biológico e nas ciências biomédicas. A palavra "nano" é utilizada para indicar a bilionésima parte de um metro. O termo nanotecnologia foi cunhado por Norio Taniguchi, um investigador da Universidade de Tóquio, no Japão. Os microrganismos, como as bactérias, as leveduras e os fungos, desempenham um papel importante na remediação de metais tóxicos através da redução dos iões metálicos, o que é considerado interessante como nanofábrica, utilizando as propriedades dissimiladoras dos fungos, pelo que estes sistemas biológicos têm sido amplamente utilizados para a biossíntese rápida e ecológica de nanopartículas metálicas.

Os organismos unicelulares e multicelulares têm demonstrado um enorme potencial para a síntese de nanopartículas, uma vez que podem sintetizar materiais inorgânicos quer intracelularmente quer extracelularmente. As nanopartículas de prata são utilizadas como agentes antimicrobianos na maior parte dos locais públicos, como elevadores e estações ferroviárias na China. Além disso, são utilizadas como agentes antimicrobianos em cateteres implantados cirurgicamente, a fim de reduzir as infecções causadas durante a cirurgia, e propõe-se que possuam actividades antifúngicas, anti-inflamatórias, anti-angiogénicas e anti-permeabilidade. As nanopartículas de ouro têm uma variedade de aplicações em medicina, biotecnologia e ciência dos materiais. Estas aplicações dependem em grande medida das propriedades catalíticas, electrónicas, magnéticas e ópticas destes nanomateriais.

As AgNPs têm várias caraterísticas que as tornam atualmente uma das nanopartículas mais utilizadas na ciência. Uma caraterística muito útil é a sua propriedade antimicrobiana. A prata na sua forma pura é conhecida como um ótimo material para manter os micróbios afastados. Se a prata for transformada numa nanopartícula, esta propriedade antimicrobiana é intensificada, tornando-a útil na eliminação eficaz de fungos, bactérias e vírus. Sendo um material natural, a prata é conhecida por ser segura para o homem e produzir poucas ou nenhumas reacções alérgicas quando testada para curar várias doenças. A prata é um agente antibacteriano eficaz com baixa toxicidade, o que é importante especialmente no tratamento de feridas. Dado o seu amplo espetro de atividade, as AgNPs têm sido alvo de um interesse crescente e estão a ser utilizadas como um excelente candidato para fins terapêuticos (Saraniya *devi et al.,* 2013).

As algas marinhas ou algas marinhas bentónicas são o grupo de plantas que vivem em ambiente marinho ou de água salobra. A síntese de nanopartículas utilizando algas como fonte tem sido inexplorada e pouco explorada. Mais recentemente, alguns investigadores relataram que as algas são utilizadas como biofábrica para a síntese de nanopartículas metálicas. Singaravelu et *al.* (2007) implementaram uma abordagem eficiente para a síntese de nanopartículas de ouro estáveis através da redução de HAuCfi aquoso utilizando *Sargassum wightii.* Curiosamente, este é o primeiro relatório para a síntese de nanopartículas metálicas estáveis a partir do extrato de algas marinhas e os resultados são obtidos num período relativamente curto de tempo de incubação, em comparação com outros materiais biológicos. Recentemente, Kumar *et al.* (2012) referiram que a atividade antibacteriana das nanopartículas de prata sintetizadas utilizando Sargassum tenerrimum era comparativamente mais elevada do que os fitoquímicos presentes (Dhanalakshmi et *al.*, 2012).

Além disso, as NPs desempenham um papel indispensável na administração de medicamentos, diagnóstico, imagiologia, deteção, administração de genes, implantes artificiais e engenharia de tecidos. Um dos principais desenvolvimentos no domínio da nanotecnologia é a produção e aplicação de nanopartículas em biologia.

## CANCRO - UMA DOENÇA PERIGOSA

O cancro é uma classe de doenças caracterizada por um crescimento descontrolado das células. Existem mais de 100 tipos diferentes de cancro e cada um é classificado pelo tipo de célula que é inicialmente afetada. Os tumores que permanecem num só local e apresentam um crescimento limitado são geralmente considerados benignos. Num futuro próximo, o cancro deverá ultrapassar as doenças cardíacas como a principal doença do mundo (Organização Mundial de Saúde). Existem muitas razões para causar cancro que podem variar de pessoa para pessoa (doenças genéticas, mutações causadas por alguns objectos físicos como os raios UV, consumo excessivo de tabaco e álcool, hábitos alimentares, etc.)

O cancro é uma das ameaças mais graves para a saúde humana no mundo e a quimioterapia continua a ser o método de tratamento padrão. A maioria dos fármacos anticancerígenos atualmente utilizados na quimioterapia são citotóxicos para as células normais e causam imunotoxicidade que afecta não só o desenvolvimento do tumor, mas também agrava a recuperação do doente. Devido aos baixos efeitos secundários das plantas e de outros compostos naturais, os cientistas estão interessados em trabalhar com eles para encontrar novos medicamentos. As algas marinhas são um dos recursos naturais do ecossistema marinho. Contêm vários compostos biologicamente activos que têm sido utilizados como fonte de alimentação humana e animal e como medicamento. Até à data, mais de 2 400 produtos naturais marinhos foram isolados de algas marinhas de populações tropicais e subtropicais (Stella et *al.*, 2012).

As algas marinhas têm suscitado um interesse emergente na área biomédica devido à presença de potentes substâncias farmacologicamente bioactivas com uma vasta gama de potenciais benefícios para a saúde (Stella et *al.*, 2012). Em geral, o cancro é um tipo anormal de crescimento dos tecidos em que as células apresentam uma divisão descontrolada, de forma relativamente autónoma, levando a um aumento progressivo do número de células em divisão.

Os procedimentos de ensaio de citotoxicidade *in vitro* reduzem a utilização de animais de laboratório e, por conseguinte, a utilização de tecidos e células de cultura tem vindo a aumentar.

Há uma procura crescente de terapias anticancerígenas. Os procedimentos de ensaio de citotoxicidade in *vitro* reduzem a utilização de animais de laboratório e, por conseguinte, a utilização de tecidos e células em cultura tem vindo a aumentar. A descoberta e identificação de novos fármacos antitumorais com baixos efeitos secundários no sistema imunitário tornou-se um objetivo essencial em muitos estudos de imunofarmacologia. Com este objetivo, tem sido dada muita atenção aos compostos naturais das plantas, dos organismos marinhos e dos microrganismos (Saraniya devi e Valentin, 2012).

**ACTIVIDADE LARVICIDA**

Os mosquitos pertencentes à ordem Diptera estão a devastar os seres humanos e outros animais há gerações. Existem cerca de 2 500 espécies de mosquitos no mundo, mas apenas uma pequena fração transmite uma série de agentes patogénicos, incluindo vírus (por exemplo, arbovírus), protozoários (por exemplo, malária) e vermes nemátodos (por exemplo, filariose linfática) (Aseer *et al.,* 2013). As doenças transmitidas por mosquitos são endémicas em mais de 100 países, causando a mortalidade de quase dois milhões de pessoas todos os anos, e pelo menos um milhão de crianças morrem dessas doenças todos os anos, deixando em risco cerca de 2100 milhões de pessoas em todo o mundo (Rajakumar e Abdul Rahman, 2011). Os mosquitos são os artrópodes sugadores de sangue mais importantes, capazes de transmitir os agentes patogénicos da malária, da dengue, da febre amarela, etc.

As doenças transmitidas por mosquitos constituem uma grande ameaça para mais de 2 mil milhões de pessoas nas regiões tropicais. As doenças transmitidas por artrópodes constituem um importante problema de saúde na Índia. Entre os artrópodes vectores, *Anopheles, Culex* e *Aedes* são vectores dos agentes patogénicos de várias doenças, como a malária, a filariose, a encefalite japonesa, o dengue, a febre amarela, o chikungunya, etc. Na Índia, todas as doenças transmitidas por vectores, a malária e a filária, são as que mais preocupam a saúde pública.

O controlo dos mosquitos é uma tarefa difícil e está a tornar-se ainda mais difícil devido a uma série de factores, incluindo o desenvolvimento da resistência aos insecticidas e a poluição ambiental. Os programas de controlo de mosquitos utilizam muitas formas de controlar os mosquitos. Tentam eliminar a água parada nas cidades e no campo, onde os mosquitos põem ovos. Adicionam peixes aos lagos para comerem as larvas e as pupas dos mosquitos. Os programas de controlo dos mosquitos também utilizam pesticidas para matar os mosquitos. Um pesticida é um material utilizado para matar ou fazer mal a uma determinada praga.

Devido à utilização regular de pesticidas químicos, as larvas e as pupas dos mosquitos tornaram-se resistentes a esses pesticidas e, finalmente, foi necessário encontrar um tratamento alternativo para controlar a população de mosquitos. Os metabolitos e os novos compostos bioactivos extraídos de algas marinhas são ferramentas muito importantes não só para a medicina humana ou para os produtos farmacêuticos, mas também como agentes eficazes de controlo de vectores (Vinayakam *et al.*, 2008).

# CAPÍTULO 2

# REVISÃO DA LITERATURA

## 2.1 Atividade antimicrobiana de extractos de algas marinhas

Jeyaseelan et al. (2012) demonstraram a atividade antibacteriana de Sargassum polycystum, Sargassum tenerrimum, Turbinaria ornata, Gracilaria crassa e *Codium fragile* contra *Escherichia coli* e *Staphylococcus aureus. Turbinaria ornata* apresentou a atividade máxima contra *Escherichia coli* e *Staphylococcus aureus.* As fontes potenciais de compostos bioactivos isolados da *Turbinaria ornata* podem ser utilizadas como agente antibacteriano.

Girija *et al.* (2013) isolaram os florotaninos (compostos bioactivos) da alga castanha *Turbinaria ornata* e descobriram a sua atividade antioxidante. Karthikaidevi *et al.* (2009) analisaram a atividade antibacteriana dos extractos brutos (metanol, acetona, éter de petróleo, etanol, acetato de etilo, clorofórmio e éter dietílico) de *Codium adherens, Ulva lactuca* e *Halimeda tuna* contra os agentes patogénicos bacterianos *Klebsiella pneumoniae, Escherichia coli, Staphylococcus aureus, Enteroccoci* sp, *Proteus* sp., *Streptococcus* sp., *Pseudomonas aeruginosa, Vibrio parahaemolyticus, Salmonella* sp., *Shewanella* sp., *Vibrio flurialis, V. splendidus.* A atividade máxima dos extractos de metanol, etanol e clorofórmio foi registada contra os agentes patogénicos bacterianos testados.

Kayalvizhi *et al.* (2012) avaliaram a atividade antibacteriana de *Sargassum wightii, Stocheospermum marginatum, Gracilaria foliifera* e *Padina boergesenii* de quatro solventes (acetona, metanol, clorofórmio e éter dietílico) e testaram a sua atividade antimicrobiana contra 12 agentes patogénicos bacterianos e também contra cinco agentes patogénicos fúngicos. Os investigadores referiram que todos os extractos de acetona de algas marinhas têm a atividade máxima contra os agentes patogénicos bacterianos.

Kolanjinathan e Govindaraju (2009) estudaram a atividade antibacteriana dos extractos etanólicos de *Gracilaria edulis, Calorpha peltada* e *Hydroclothres* sp contra os agentes patogénicos dos peixes *Escherichia coli, Enterobacter aerogenes, Staphylococcus aureus, Pseudomonas aeruginosa, Streptococcus faecalis* e *Bacillus cereus.*

Manikandan et al. (2011) estudaram a atividade antimicrobiana de algumas algas marinhas selecionadas nas estirpes multirresistentes de *Escherichia coli, Klebsiella Pneumoniae, Pseudomonas aeruginosa* e *Staphylococcus aureus.* Entre estas, *a Gracilaria corticata* tem a maior atividade contra todas as estirpes multirresistentes testadas.

AL-Haj *et al.* (2010) estudaram a atividade antibacteriana dos extractos *de Gracilaria changii, Euchema denticulatum* e pepino-do-mar contra os organismos multirresistentes

*Staphylococcus aureus* resistente à meticilina, *Escherichia coli, Streptococcus pyogenes, Vibrio cholerae, Pseudomonas aeruginosa* e *Klebsiella pneumoniae.* Os extractos de *G. changii, E. denticulatum* e pepino-do-mar possuíam componentes antibacterianos importantes contra os agentes patogénicos testados.

Nanthini Devi *et al.* (2012) identificaram que a alga castanha de *Sargassum wightii* tem propriedades antibacterianas e antioxidantes. Os extractos de *Sargassum wightii* (etanol, metanol e acetona) foram analisados contra os agentes patogénicos bacterianos humanos *Staphylococcus aureus, Escherichia coli, Klebsiella pneumoniae, Pseudomonas aeruginosa, Klebsiella* sp., *Proteus* sp, *Vibrio cholerae, Salmonella paratyphi, Shigella sonnie* e *Salmonella typhi.* Os extractos etanólicos de *Sargassum wightii* apresentaram o melhor potencial.

Radhika *et al.* (2012) relataram a atividade antibacteriana dos extractos de metanol de *Sargassum wightii, Padina tetrastomatica, Caulerpa racemosa, Agardhiella subulata* e *Stoechospermum marginatum* contra *Vibrio cholerae, Salmonella typhi, Escherichia coli* e *Klebsiella pneumonia.* O extrato metanólico de *Stocheospermum* mostrou uma boa atividade contra todos os quatro agentes patogénicos analisados. A atividade máxima foi observada em *K. pneumonia* (9.2 mm) e *Vibrio cholerae* (7.3 mm) mas *S. typhii* e *E. coli* mostraram atividade mínima de 5.3 mm e 3.7 mm, respetivamente.

Rajasekar *et al.* (2013) estudaram a atividade antibacteriana dos extractos metanólicos das algas *Gracilaria edulis, Gracillaria verrucosa, Acanthospora spicifera, Ulva facita, Ulva lacta, Kappaphycus spicifera, Sargassum ilicifolium, Sargassum wightii, Padina tetramatica* e *Padina gymonospora* contra o agente patogénico bacteriano *Vibrio alginolyticus* e concluíram que *a S. wightii* foi altamente sensível ao *Vibrio alginolyticus.*

Rameshwari e Abirami (2013) estudaram a atividade antibacteriana da *Gracilaria edulis* (Gmelin) silva. A atividade antibacteriana máxima foi observada no extrato de éter dietílico de *Gracillaria edulis*, que mostrou atividade inibitória contra *Salmonella typhi* e a mínima foi registada em extractos metanólicos contra *Klebsiella pneumonia, Escherichia coli, Pseudomonas aeruginosa, Pseudomonas mirabilis* e *Enterobacter aerogenes.*

Senthilkumar e Sudha (2012) isolaram os compostos bioactivos da *Chaetomorpha linum.* As propriedades antibacterianas do extrato metanólico de *Chaetomorpha linum* foram confirmadas por testes com *Staphylococcus aureus, Bacillus cereus, Escherichia coli, Proteus mirabilis, Klebseilla pneumoniae* e *Salmonella typhimurium.* O extrato de *C. linum* mostrou uma atividade significativa contra a maioria das bactérias.

Vijayabaskar e Shiyamala (2011) investigaram a atividade antibacteriana de extractos metanólicos de algas marinhas, *Sargassum wightii* e *Turbinaria ornata*, nas estirpes bacterianas patogénicas humanas e a *Turbinaria ornata* mostrou uma atividade potencial contra *Bacillus subtilis* e *E. coli*.

## 2.2 Atividade antibacteriana das nanopartículas sintetizadas

Fouzia Banu *et al.* (2011) relataram que as nanopartículas de prata sintetizadas a partir de *Cleome viscosa* tinham um elevado potencial de atividade antibacteriana contra *Staphylococcus aureus, Pseudomonas vulgaris, Vibrio cholerae* e *Pseudomonas aeruginosa*.

Kumar *et al.* (2012) relataram que as nanopartículas de prata de *Sargassum tenerrimum* têm a atividade antibacteriana contra todas as estirpes bacterianas testadas *{Bacillus cereus, Escherichia coli, Klebsiella Pneumoniae, Proteus mirabilis, Pseudomonas aeruginosa, Salmonella typhii, Shigella flexneri, Staphylococcus aureus* e *Vibrio cholerae}*.

Kumar *et al.* (2013) relataram que as nanopartículas de prata de *Gracilaria corticata* têm atividade antifúngica contra *Candida albicans* e *C. glabrata* foi cultivada contra as AgNPs. As nanopartículas de prata revelaram uma atividade melhor do que o extrato fervido da alga marinha para ambos os organismos de *Candida albicans* e *C. glabrata*.

Rajeshkumar et al. (2012) estudaram a atividade antimicrobiana de nanopartículas de prata de algas marinhas, *Padma tetrastromatica*, que provou que as AgNPs de *Padma tetrastromatica* têm a potência bioactiva contra *Bacillus* spp., *Klebsiella planticola, Bacillus subtilis* e *Pseudomonas* spp. Entre estas *Pseudomonas* spp. mostraram uma elevada resistência às AgNPs de *Padma tetrastromatica*.

Rajeshkumar *et al.* (2013) estudaram a atividade antibacteriana da síntese mediada por algas de nanopartículas de ouro de *Turbinaria conoides*. A atividade de *Turbinaria conoides* foi realizada contra *Bacillus subtilis, Klebsiella planticola* e *Streptococcus* sp. e observou que as AuNPs de *Turbinaria conoides* tinham a atividade máxima contra *Streptococcus* spp.

Sangeetha e Kumaraguru (2013) demonstraram a síntese extracelular de nanopartículas de óxido de zinco a partir de *Caulerpa peltata, Hypnea Valencia* e *Sargassum myriocystum*. O rastreio preliminar dos parâmetros físico-químicos, tais como a concentração de metais, a concentração de extrato de algas marinhas, a temperatura, o pH e o tempo de reação, revelou que a alga marinha *S. myriocystum* era capaz de sintetizar nanopartículas de óxido de zinco. Também relataram que a biossíntese extracelular de nanopartículas de óxido de zinco transparente com tamanho de 36 nm através da técnica de caraterização. As nanopartículas de ZnO biossintetizadas foram agentes antibacterianos eficazes contra bactérias Gram-positivas.

Rajeshkumar *et al.* (2012) estudaram as nanopartículas de prata de *Turbinaria conoides* e testaram a atividade antibacteriana em *Bacillus subtilis* e *Klebsiella planticola* e descobriram que as nanopartículas de prata de *Turbinaria conoides* apresentaram melhor atividade em *Klebsiella planticola.*

Sudha *et al.* (2012) efectuaram a síntese mediada por microalgas de nanopartículas de prata recolhidas de mangais e purificadas por métodos microbiológicos de diluição em série. As amostras foram *Aphanothece* sp, *Oscillatoria* sp, *Microcoleus* sp, *Aphanocapsa* sp, *Phormidium* sp, *Lyngbya* sp, *Gleocapsa* sp, *Synechococcus* sp e *Spirulina* sp. de AgNPs foram sintetizadas e a atividade foi encontrada contra *Streptococcus* sp, *Bacillus subtilis, Escherichia coli, Corynebacterium* sp, *P.vulgaris, Staphylococcus aureus* e *Vibrio cholerae.*

## 2.3 Atividade anticancerígena

Stella et al. (2012) avaliaram a atividade citotóxica de *Sargassum* sp. contra as linhas de células cancerígenas Hep-2 e MCF-7 e descobriram que o extrato etanólico de *Sargassum* sp. mostrou uma potencial atividade citotóxica ($P<0,05$) com IC50 de 200pg/ml e 250 pg/ml contra as linhas de células Hep-2 e MCF-7, respetivamente.

Saraniya Devi et al. (2012) analisaram as nanopartículas de prata utilizando o extrato de *Gelidiella* sp. e analisaram a atividade anticancerígena in *vitro* contra as linhas celulares Hep-2 (carcinoma epidermoide da laringe humana). E relataram que a citotoxicidade para a linha celular foi aumentada pelo aumento da concentração das nanopartículas de prata.

Saraniya Devi *et al.* (2012) referiram que as nanopartículas de prata de *Ulva lactuca* são potentemente citotóxicas contra as linhas de células Hep-2 e ligeiramente citotóxicas contra as linhas de células MCF-7 e HT-29, tendo-se verificado também que são citotóxicas contra as linhas de células cancerígenas humanas (Hep-2, MCF-7 e HT-29).

## 2.4 Atividade Larvicida

Bianco *et al.* (2012) demonstraram que 15 algas marinhas recolhidas no nordeste do Brasil e um sesquiterpeno halogenado tinham a atividade larvicida contra o mosquito da dengue *(Aedss aegypti)* e descobriram que o extrato da alga marinha *L. dendroidea* tinha demonstrado uma atividade larvicida potente contra o *A. aegypti.* O elatol, um sesquiterpeno halogenado do tipo chamigreno, possui vários tipos de atividade biológica.

Kanayairam *et al.* (2012) estudaram a atividade larvicida de nanopartículas de prata sintetizadas em verde a partir do extrato aquoso da casca de *Ficus racemosa* contra *Culex quinquefasciatus* e *Culex gelidus* e a atividade máxima foi observada no extrato aquoso bruto de F. *racemosa* contra as larvas de *Cx. quinquefasciatus* e *Cx. gelidus.* A eficácia larvicida máxima foi observada nas NPs de Ag sintetizadas.

Poonguzhali e Josmin Laali Nisha (2012) investigaram as actividades larvicidas de algas marinhas de *U.fasciata* de extractos de metanol, acetona e benzeno e encontraram o valor LC50 respetivamente 515,88, 504,47, 478,66 enquanto que para o valor LC50 de *G. lithophila* do extrato de metanol, acetona e benzeno foi 431,90, 349.74, 425.42, o valor LC90 de *U. fasciata* dos extractos de metanol, acetona e benzeno foram 867.10, 884.70, 805.72 enquanto que para o valor LC90 de *G. lithophila* os extractos de metanol, acetona e benzeno foram 860.60, 724.54 e 793.92 deste trabalho, verificou-se que *G. lithophila* é eficaz contra a larva *de Culex* em todos os 3 extractos.

Rajakumar e Abdhul Rahman (2011) estudaram a atividade larvicida de nanopartículas de prata sintetizadas a partir de extractos de folhas de *Eclipta prostrata* contra vectores de filariose e malária. As larvas foram expostas a concentrações variáveis de extrato aquoso de AgNPs sintetizadas durante 24 horas. A eficácia máxima foi observada em AgNPs aquosas brutas e sintetizadas contra *C.quinquefasciatus* (LC5o=27.49 e 4.56mg/L; LC9o=7O.38 e 13.14mg/L), e contra *A.subpictus* (LC5o=27.85 e 5.14mg/L; LC9Q=71.45 e 25.68mg/L) respetivamente.

Ravikumar et *al.* (2011) relataram que os extractos de etanol em água de algas marinhas *(Enilrnmorphat intestinalis, Dictyota dichotoma* e *Acanthopora spicifera)* têm um efeito larvicida contra o vetor do dengue *Aedes aegypti.*

A partir do exposto, é evidente que são necessários mais estudos sobre as algas marinhas, particularmente sobre as suas propriedades antibacterianas, anticancerígenas e larvicidas, para descobrir os compostos biologicamente activos.

# CAPÍTULO 3

# ÂMBITO DO PRESENTE ESTUDO

A partir da revisão da literatura, a importância, a necessidade e as aplicações dos compostos biológicos isolados das algas marinhas foram fortemente registadas. Os produtos naturais marinhos são ricos em compostos biológicos que são utilizados como alimentos, ingredientes de cosméticos e na produção de medicamentos para doenças recentes. A Índia tem uma vasta linha costeira de mais de 7000 km, colonizada por muitas espécies de algas marinhas, em quantidades abundantes. Estas algas marinhas estão disponíveis ao longo dos anos, mas não são totalmente utilizadas devido a uma insuficiente consciencialização científica. Ainda são necessários investigadores sobre a forma de utilizar plenamente a biomassa de algas marinhas (Gandhiyappan, 2002). A utilização contínua e excessiva de antibióticos (derivados dos microrganismos) resultou na resistência múltipla dos micróbios. Para ultrapassar esta situação, pode ser isolado um novo composto que contenha grupos funcionais diferentes dos antibióticos utilizados por rotina.

**O presente trabalho de investigação centra-se principalmente nos seguintes objectivos**

- Investigar a atividade antibacteriana de alguns extractos de algas marinhas (metanol, hexano e acetona) nas culturas de bactérias patogénicas multirresistentes selecionadas.
- Sintetizar nanopartículas de prata a partir da potente alga marinha com propriedades anti-propaganda, e sua caraterização.
- Estudar o efeito bactericida das -AgNPs *de T.ornata.*
- Para descobrir as propriedades larvicidas do extrato de algas marinhas e das nanopartículas de prata sintetizadas.
- Analisar as propriedades anticancerígenas do extrato de algas marinhas e das nanopartículas de prata sintetizadas utilizando a linha celular de cancro do pulmão (A549).

A abordagem de investigação do presente estudo foi organizada da seguinte forma. A informação de base sobre o tema atual foi apresentada no capítulo 1 como introdução geral e a revisão da literatura e o âmbito do presente estudo são apresentados nos capítulos 2 e 3.

O capítulo 4 trata dos materiais e métodos do presente estudo. O capítulo 5 apresenta os resultados obtidos com o presente trabalho. Os capítulos seis, sete e oito tratam, respetivamente, da discussão, do resumo e da bibliografia de todo o trabalho.

# CAPÍTULO 4

# MATERIAIS E MÉTODOS

## Recolha e armazenamento de amostras

As amostras de algas marinhas *Sargassum plagiophyllum, Sargassum fusiforme, Sargassum wightii, Sargassum falciparum* e *Turbinaria ornata WQTe* foram obtidas através do método de colheita manual perto de Mandapam, distrito de Ramanathapuramaram, Tamil Nadu, costa sudeste da Índia. As amostras recolhidas foram levadas para o laboratório e as amostras de algas marinhas foram lavadas em água corrente da torneira para remover os resíduos associados e, em seguida, com água destilada, sendo depois secas à sombra durante 2 semanas. Após a secagem, as amostras foram transformadas em pó e armazenadas a - 80°C até ao processamento posterior.

## Identificação de algas marinhas

As caraterísticas morfológicas e anatómicas das algas marinhas recolhidas foram observadas e identificadas através de análises comparativas microscópicas e macroscópicas. As caraterísticas típicas tidas em conta incluem a estrutura interna, a cor, o tamanho e a forma e foram comparadas com as fotografias e os dados existentes (Dinabandhu, 2010).

### Classificação científica de *Turbinaria ornata*

Empire : Eukaryota

Kingdom : Chromista

Phylum : Heterokontophyta

Class : Phaeophyceae

Order : Fucales

Family : Sargassaceae

Genus : *Turbinaria*

Species : *ornata*

### Classificação científica de *Sargassum wightii*

Empire : Eukaryota

Kingdom : Chromista

Phylum : Heterokontophyta

Class : Phaeophyceae

Order : Fucales

Family : Sargassaceae

Genus : *Sargassum*

Species : *wightii*

### Classificação científica de *Sargassum plagiophyllum*

Empire : Eukaryota

Kingdom : Chromista

Phylum : Heterokontophyta

Class : Phaeophyceae

Order : Fucales

Family : Sargassaceae

Genus : *Sargassum*

Species : *plagiophyllum*

### Classificação científica de *Sargassum fusiforme*

Empire : Eukaryota

Kingdom : Chromista

Phylum : Heterokontophyta

Class : Phaeophyceae

Order : Fucales

Family : Sargassaceae

Genus : *Sargassum*

Species : *fusiforme*

## Classificação científica de *Sargassum falciparum*

Empire : Eukaryota

Kingdom : Chromista

Phylum : Heterokontophyta

Class : Phaeophyceae

Order : Fucales

Family : Sargassaceae

Genus : *Sargassum*

Species : *falciparum*

## Preparação de extractos de algas marinhas

### Extração com hexano

Os 500 gramas de material de algas marinhas esmagadas foram inicialmente mergulhados em hexano (solvente não polar) durante três dias com uma ligeira agitação. Após 3 dias, o hexano foi decantado e o extrato recolhido foi armazenado à temperatura ambiente num local escuro. O procedimento com hexano foi novamente repetido duas vezes e o solvente hexano foi evaporado. Finalmente, o material sólido foi recolhido e armazenado a 4°C para análise posterior e o pó de algas marinhas extraído foi utilizado na extração com acetona e metanol.

### Extração com acetona

O pó de algas extraído foi seco ao ar durante 2 dias e, em seguida, foi submetido a extracções práticas com acetona. Seguindo o mesmo procedimento, utilizou-se e verteu-se o solvente de acetona. Os extractos foram separados e o solvente foi removido. O peso seco dos extractos brutos foi pesado e armazenado a 4°C num local escuro.

### Extração com metanol

O pó de algas extraído foi seco ao ar durante 2 dias e depois foi aplicado nas extracções metanólicas. Seguindo o mesmo procedimento, foram efectuadas três extracções sucessivas com metanol a 100%. Os extractos foram separados e o solvente foi removido. O peso seco dos extractos brutos foi pesado e armazenado a 4°C num local escuro.

Além disso, os extractos brutos foram analisados em relação aos constituintes fitoquímicos e as fracções compostas dos extractos brutos foram analisadas utilizando o ensaio larvicida, as nanopartículas e o ensaio citotóxico e as técnicas instrumentais foram utilizadas no FTIR, FESEM, XRD, potencial Zeta e DLS.

**Análises qualitativas dos constituintes fitoquímicos** (Harbone 1973)

Pesquisa de saponinas, compostos fenólicos, açúcares, taninos, alcalóides, esteróides, flavonóides, glicosídeos e óleos

Para a saponina, os extractos (50 mg) foram diluídos com água destilada e completados até 20 ml. A suspensão foi agitada numa proveta graduada durante 15 minutos. Uma camada de espuma de 2 cm indica a presença de saponinas.

Para os compostos fenólicos, os extractos (50 mg) foram dissolvidos em 5 ml de água destilada. Adicionaram-se algumas gotas de solução neutra de cloreto férrico a 5%. Uma cor verde escura indicou a presença de compostos fenólicos.

Para os hidratos de carbono, os extractos (100 mg) foram dissolvidos em 5 ml de água e filtrados. 1 ml do filtrado foi fervido em banho-maria com 1 ml de cada solução de Fehling A e B. Um precipitado vermelho indicou a presença de açúcar.

**Solução de Fehling A:** o sulfato de cobre (34,66 g) foi dissolvido em água destilada e completado até 500 ml com água destilada.

**Solução de Fehling B:** Dissolveu-se em água o tartarato de sódio e potássio (173 g) e o hidróxido de sódio (50 g) até perfazer 500 ml.

Para os taninos, cerca de 0,5 ml da amostra em pó dos extractos foi fervida em 20 ml de água destilada num tubo de ensaio e depois filtrada. O cloreto férrico (0,1%) foi adicionado às amostras filtradas e o aparecimento de cor verde indicou a presença de taninos.

Para alcalóides **(reagente de Mayer):** Dissolver o cloreto de mercúrio (1,358 g) em 60 ml de água e dissolver o iodeto de potássio (5,0 g) em 10 ml de água. As duas soluções foram misturadas e completadas até 100 ml com água). 50mg de extractos foram agitados com alguns ml de HCl diluído e filtrados. A alguns ml de filtrado, foram adicionadas duas gotas de reagente de Mayer nas paredes do tubo de ensaio. Um precipitado de cor branca indica que o teste é positivo.

Para os esteróides, os extractos foram dissolvidos em 10 ml de clorofórmio e um volume igual de Con. H2SO4 foi adicionado nas paredes do tubo de ensaio. A camada superior torna-se vermelha e a camada de ácido sulfúrico mostra-se amarela com fluorescência verde, o que indica a presença de esteróides.

Para os flavonóides, foram adicionadas algumas gotas de solução de amoníaco a 1% aos extractos num tubo de ensaio. Observou-se uma cor amarela que indicava a presença de compostos flavonóides.

Para os glicosídeos, misturou-se uma pequena quantidade de extractos com ácido acético glacial. Adicionaram-se algumas gotas de cloreto férrico e misturou-se bem. De seguida, adicionou-se con. H2SO4 nas paredes do tubo de ensaio. As camadas castanho-avermelhadas e verde-azuladas indicam a presença de glicosídeos.

Para os óleos fixos (teste pontual), uma pequena quantidade de extractos foi pressionada entre dois papéis de filtro. A mancha de óleo no papel indica a presença de óleos fixos.

## BIOSSÍNTESE DE NANOPARTÍCULAS DE PRATA

### Preparação da amostra

O nitrato de prata (AgNOs) foi adquirido à ACROS, BÉLGICA. Todos os outros reagentes utilizados na reação eram de grau analítico com a máxima pureza. As algas marinhas frescas foram recolhidas em Mandapam, na costa sudeste da Índia. Foi utilizada água desionizada durante toda a experiência.

### Preparação de pó de algas *Turbinaria ornata*

As *Turbinaria ornata* recentemente colhidas foram lavadas cuidadosamente em água da torneira e, por fim, enxaguadas com água destilada até não restar qualquer material estranho. As algas acabadas de lavar foram deixadas a secar durante 5 dias à temperatura ambiente. As algas secas foram pulverizadas com um misturador elétrico esterilizado para obter um pó. O pó

As amostras foram armazenadas num recipiente hermético e protegidas da luz solar para utilização posterior.

Misturaram-se 2 g de algas finamente pulverizadas com 100 ml de água desionizada e, em seguida, a mistura foi fervida durante 30 minutos, arrefecida e filtrada com papel de filtro Whatman n.º 1. Foram adicionados 40 ml de caldo aquoso de algas *Turbinaria ornata* a 60 ml de solução aquosa ImM de AgNCh e a solução foi colocada num agitador orbital à temperatura ambiente, para redução dos iões de prata. A bio-redução dos iões de prata na solução foi monitorizada periodicamente através da medição da espetroscopia UV-visível das soluções. A reação foi rápida, uma vez que a cor castanha apareceu em 1 minuto e a reação confirmou a formação de AgNPs e não houve mais alterações de cor. O caldo aquoso de *Turbinaria ornata* sem nitrato de prata não apresentou qualquer alteração de cor. O tempo ótimo necessário para a conclusão da reação foi de 1 minuto. Foram utilizadas diferentes concentrações de solução de AgNCh para obter o máximo de AgNPs. A condição de reação global optimizada foi observada na solução ImM AgNOa e em pH neutro. As nanopartículas obtidas a partir da solução foram purificadas por centrifugação repetida a 2000 rpm durante lOmin, seguida de dispersão do pellet três vezes em água desionizada para remover as biomoléculas solúveis em água, tais como proteínas e metabolitos secundários. As NPs suspensas em água foram mantidas sob vácuo durante 24 horas para secar as NPs (Jayaseelan *et al.*, 2012).

**CARACTERIZAÇÃO DE NANOPARTÍCULAS DE PRATA**

**ESPECTRO UV-VISÍVEL**

O espetro UV-visível é uma das técnicas importantes para verificar a formação de nanopartículas metálicas. Existem vibrações plasmónicas de superfície para a solução aquosa de nitrato de prata de metal (ImM), que foi colocada num tubo de ensaio limpo e misturada com extrato de algas marinhas da amostra fervida. A redução dos iões $Ag^+$ pelo extrato de algas marinhas foi monitorizada através da amostragem do componente aquoso e da medição do espetro UV-visível das soluções. A absorvância UV das NPs sintetizadas foi medida no espetrofotómetro CYBERLAB UV-100, com uma resolução de Inm.

**Difração de raios X (XRD)**

A solução de AgNPs foi centrifugada repetidamente a 8000 rpm durante 20 min, redispersada com água destilada e liofilizada para obter AgNPs e AuNPs puras. A mistura seca de AgNPs foi recolhida para determinar a formação de AgNPs pelo difratómetro de raios X X'Pert Pro (PANalytical BV, Países Baixos) operado a uma tensão de 30 kV e uma corrente de 30 mA com radiação CuKa numa configuração de 0-20 (Mubayi *et al.*, 2012).

## Medição do potencial zeta (Q

O tamanho e o potencial zeta das nanopartículas de algas foram determinados pelo Malvern Zetasizer ZEN 3600 (Reino Unido). Uma suspensão aquosa de nanopartículas de prata foi filtrada através de uma membrana de PTFE de 0,45 mm antes da medição. Este instrumento permite a medição da distribuição do tamanho das partículas na gama de 2-3 nm. O potencial zeta foi calculado utilizando a equação de Henry.

## Dispersão dinâmica da luz (DLS)

A medição da dispersão dinâmica da luz (DLS) foi efectuada utilizando um medidor de partículas de elevado desempenho (HPPS) fornecido pela Malvern Instruments para a medição do tamanho das partículas.

## ACTIVIDADE ANTIBACTERIANA DE ALGAS MARINHAS

## MICRORGANISMOS DE TESTE

Todos os extractos de algas e as nanopartículas de prata sintetizadas foram testados contra quatro agentes patogénicos: *Escherichia coli, Staphylococcus aureus, Klebsiella* sp. e *Pseudomonas aeruginosa.* As amostras de resistência destes isolados foram confirmadas utilizando antibióticos selectivos. Todas as estirpes bacterianas foram mantidas em ágar Muller Hinton a 4°C.

## CARACTERÍSTICAS DA CULTURA BACTERIANA

### *Escherichia coli*

As células *de Escherichia coli* são cocos, bacilos, bastonetes curtos, dispostos individualmente e aos pares, corados negativamente, não formadores de esporos e não móveis. As caraterísticas da cultura registadas foram colónias húmidas, cinzentas, brilhantes e convexas com margens inteiras, não hemolíticas e facilmente dispersáveis em solução salina normal. Foi observada uma turvação uniforme no caldo nutriente. *A E. coli* apresentava-se como bastonetes curtos de 0,5-3,0 microns com formas variáveis, desde bipolares cocóides a bastonetes longos. Ocorrem geralmente isoladamente, mas as cadeias curtas são pouco frequentes (Khan e Rind 2001).

Staphylococcus aureus

As células são Gram-positivas, cocos, dispostos individualmente/em pares ou em grupos irregulares. A espécie não é móvel e não forma esporos. As caraterísticas culturais serão observadas como colónias brancas a branco-amareladas, lisas, elevadas e brilhantes, com margens circulares e inteiras. Produz uma turvação uniforme em caldo de nutrientes (Obied, 1983).

### *Klebsiella* sp

*A Klebsiella* sp é uma bactéria gram-negativa, não-móvel, encapsulada, fermentadora de lactose, anaeróbia facultativa, em forma de bastonete, que se encontra na flora normal da boca, da pele e dos intestinos. Clinicamente, é o membro mais importante do género *Klebsiella* de Enterobacteriaceae (Ryan, 2004).

### *Pseudomonas aeruginosa*

*A Pseudomonas aeruginosa* é um membro da classe Gamma Proteobacteria de bactérias. É um bastonete Gram-negativo, aeróbico, pertencente à família bacteriana Pseudomonadaceae. Tal como outros membros do género, *a Pseudomonas aeruginosa* é uma bactéria de vida livre, normalmente encontrada no solo e na água. No entanto, ocorre regularmente nas superfícies das plantas e, ocasionalmente, nas superfícies dos animais. *A Pseudomonas aeruginosa* é um bastonete Gram-negativo que mede 0,5 a 0,8 pm por 1,5 a 3,0 pm. Quase todas as estirpes são móveis por meio de um único flagelo polar. *A Pseudomonas aeruginosa* tem exigências nutricionais muito simples. É frequentemente observada a "crescer em água destilada", o que é uma prova das suas necessidades nutricionais mínimas.

## ENSAIO ANTIBACTERIANO

### Método de difusão em poço de ágar

A atividade antibacteriana dos extractos de algas marinhas e das nanopartículas de prata sintetizadas foi realizada pelo método de difusão em ágar como descrito por Annie e Lipton (2012). Um volume de 15 ml de meio de ágar foi inoculado com 0,1 ml de cultura fresca da estirpe indicadora durante a noite e vertido numa placa de Petri contendo uma camada de ágar Muller Hinton. Foram perfurados poços de 6 mm de diâmetro no ágar e preenchidos com diferentes concentrações do extrato. As placas foram incubadas a 37°C durante 24 horas. Em seguida, foram examinadas quanto à presença de bactérias e os diâmetros das zonas de inibição foram medidos.

### Análise estatística

Foi utilizado o método de difusão em poços. Foram cortados cinco poços (6 mm) em cada placa utilizando uma broca de aço inoxidável estéril com uma altura de 10 mm e um diâmetro interno de 5 mm e a cultura previamente preparada foi esfregada nas placas de cultura contendo ágar Muller Hinton. Foram testados volumes de 100pl de amostras de algas marinhas com diferentes extractos numa concentração diferente de 20mg/ml - 100 mg/ml e a incubação foi realizada a 37°C durante 24 horas. A avaliação da atividade antibacteriana baseou-se na medição do diâmetro da zona de inibição formada à volta do poço (Ravikumar *et al.*, 2011).

## ACTIVIDADE LARVICIDA

### Organismos de teste

*Aedes aegypti* (L.) e *Culex quinquefasciatus* foram recolhidos no distrito de Salem. Os biscoitos foram cortados como alimento para as larvas. As larvas foram mantidas a 25± 2°C e foi-lhes dado um fotoperíodo adequado para o crescimento das larvas. As larvas de terceiro ou quarto instares tardios (4-5 mm de comprimento) foram utilizadas para o bioensaio larvar.

### Bioensaio

O bioensaio larvicida foi efectuado com base no protocolo (OMS, 2009). As larvas dos mosquitos *A. aegypti* e *C. quinquefasciatus* foram expostas a uma vasta gama de concentrações e de controlo para determinar a sua atividade. Lotes de 25 larvas saudáveis de quarto instar foram transferidos para câmaras de 250 ml contendo diferentes concentrações. Concentrações diferentes de extractos (Hexano) de *Turbinaria ornata* e AgNPs de *T. ornata* (100, 300, 500, 700 e 900pg/ml) foram adicionadas a 250ml de água para obter a dosagem desejada. Foram preparadas três réplicas para cada concentração e um número igual de controlos com água da torneira. A mortalidade das larvas é observada após 24 horas. A percentagem de mortalidade foi calculada utilizando a fórmula de Abbott (1925). Os valores LC50 e LC99 foram calculados utilizando a análise de probabilidades (Finney, 1971).

Mortalidade (%) =X-Y/X*100

Onde,

X= sobrevivência no controlo não tratado.

Y= sobrevivência na amostra tratada.

**PARÂMETROS**

**Espectrofotómetro de infravermelhos com transformador de Fourier (FT-IR)**

A espetroscopia de infravermelhos com transformada de Fourier (Griffiths *et al.,* 2007) é uma técnica utilizada para obter um espetro de infravermelhos de absorção, emissão, fotocondutividade ou dispersão Raman de um sólido, líquido ou gás.

O espetrofotómetro FT-IR modelo ART (Attenuated Total Reflectance) (Rukey Co., Alemanha) foi utilizado para a análise dos extractos de hexano de *T. ornata.* O espetro foi focado na região do infravermelho médio de 400-4000 $cm'^{1}$ pela técnica de pastilhas de KBr. O espetro foi registado utilizando a técnica de medição de praia de Reflectância Total Atenuada (ART).

O FTIR foi registado na região do infravermelho médio 4000-400 $cm'^{1}$ com resolução ambiente de $4cm'^{1}$ com varrimentos utilizando o espetrómetro Thermo Nicolet FTIR Nexus acoplado ao detetor TGS (sulfato de tri-glicina). O interferómetro e a câmara do detetor foram purgados com azoto seco para remover a interferência espetral devida ao dióxido de carbono atmosférico e ao vapor de água. O espetro de fundo do ar foi registado antes de cada amostra e todas as experiências foram efectuadas em seis triplicados (seis pastilhas de KBr com três varrimentos cada).

**GC-MS (Cromatografia Gasosa-Espectrómetro de Massa)**

A cromatografia gasosa e a espetrometria de massa constituem uma combinação eficaz para a análise química. A análise por GC separa todos os componentes de uma amostra e fornece uma saída espetral representativa. O instrumento GC vaporiza a amostra e separa e analisa os vários componentes. A identificação de compostos orgânicos dos extractos de esponjas marinhas é de grande importância, principalmente porque podem ser uma excelente fonte de produtos farmacêuticos.

O principal objetivo da preparação de amostras para análise cromatográfica é a dissolução selectiva das análises num solvente adequado e a consequente remoção dos compostos interferentes da solução. A utilização de técnicas clássicas para a preparação de amostras inclui a extração selectiva, a filtração, a precipitação, a diálise, a centrifugação e a cromatografia simples em coluna aberta. A mistura de compostos na fase móvel interage com a fase estacionária. Cada composto da mistura interage a uma velocidade diferente. Os compostos que interagem mais rapidamente sairão (eluirão) da coluna em primeiro lugar. Os que interagem mais lentamente sairão da coluna em último lugar. Ao alterar as caraterísticas da fase móvel e da fase estacionária, é possível separar diferentes misturas de substâncias químicas. Podem ser efectuados mais refinamentos a este processo de separação alterando a temperatura da fase estacionária ou a pressão da fase móvel.

A tecnologia GC-MS parece ser o requisito para a derivação química antes da análise quantitativa; no entanto, este requisito para a modificação química dos compostos que não são voláteis per se pode - a longo prazo - ser transformado nas vantagens de explorar o enriquecimento químico seletivo e o fracionamento para a caraterização de compostos vestigiais na presença de metabolitos em massa (Muller *et al.,* 2002).

A análise por cromatografia gasosa foi efectuada por GC-CLARUS 500 PERKIN ELMER utilizando a coluna elite 5MS. A análise qualitativa e quantitativa do extrato de metanol da amostra de esponja marinha foi realizada utilizando um sistema de Cromatografia Gasosa-Espectrómetro de Massa (GC-MS) CP 3800 Saturn 2200. O programa de temperatura foi de 80°C a 350°C a uma taxa de 3°C/min e mantido a 50 e 55 minutos. A temperatura do ião foi de 200°C e a gama de varrimento foi de 20-500 AMU (Unidade de Massa Atómica). A identificação dos componentes baseou-se na comparação dos seus espectros de massa com os das bibliotecas Wiley e NIST.

**ENSAIO DE CITOTOXICIDADE**

**Requisitos**

Incubadora de CO2 - Thermo Fisher, EUA

Leitor de microplacas multimodo - BioTek, EUA

Centrifugadora refrigerada - Eppendorf Alemanha

Célula: A549.

MTT, (brometo de 3-(4, 5-dimetiltiazol-2-il)-2, 5-difeniltetrazólio))

Soro fetal de bovino

Tripsina, Penicilina, meio MEM, DMSO

**Preparação de meios essenciais mínimos de Eagle (Sigma)**

A saqueta (12,0 g) foi dissolvida em 800 ml de água destilada estéril, à qual foram adicionados 2,5 g de bicarbonato de sódio. O copo foi coberto com folha de alumínio e agitado com um agitador magnético durante 10 minutos. O pH do meio foi ajustado para 7,2 utilizando NaOH 0,1M. O volume do meio foi aumentado para 1000 ml e filtrado através de um filtro de membrana estéril de 0,2 microns. O controlo da qualidade do meio foi verificado através da incubação de 5 ml de meio filtrado na estufa de $CO_2$ durante 2 dias. Os antibióticos e o soro foram adicionados antes de serem utilizados para a cultura de células.

**Cultura de células e procedimento de ensaio MTT**

A linha celular de cancro humano A549 foi adquirida ao NCCS (National Center for cell sciences), Pune, Índia. As células foram cultivadas num meio MEM suplementado com 10% de soro fetal bovino e antibióticos, tal como mencionado anteriormente. O ensaio de proliferação celular (MTT) foi efectuado segundo o método descrito por Carmichael *et al.* (1987) e a percentagem de viabilidade celular foi determinada por determinação espectrofotométrica do derivado de formazan acumulado nas células tratadas a 570 nm, em comparação com as não tratadas.

Para o ensaio MTT, as células foram cultivadas em frascos de cultura de tecidos de 25cmx25cmx25cm contendo meio RPMI1640 como meio de cultura suplementado com 10% de FCS, 100 U/ml de penicilina, 100 pg/ml de estreptomicina (GIBCO, EUA) e cultivadas a 37°C numa atmosfera humidificada de 95% de ar e 5% de $CO_2$. As células foram regularmente passadas e mantidas antes de serem incluídas na experiência. Quando a densidade de células num frasco de cultura atingiu 70-80% de confluência, foram tripsinizadas e semeadas em placas de 96 poços com um número variável de células, de acordo com o tamanho e a forma das células A549, numa densidade de 3000 células por poço em lOOpL e incubadas durante 24 horas numa incubadora de $CO_2$.

Os produtos de ensaio foram preparados como reservas de 1 mg/ml, adicionando-os diretamente ao meio MEM. O stock de trabalho de concentração 2X (200-20 pg) para a célula em volume lOOpl e a gama de concentração finita foram: 100-10 pg/ml. As placas foram incubadas durante 48 horas numa incubadora de $CO_2$.

A solução de MTT era composta por brometo de 3-(4,5-dimetiltiazol-2-il)-2,5-difenil tetrazólio (MTT) a 5 mg/ml em tampão fosfato salino (1,5 mM $KH_2PO_4$, 6,5 mM Na $HPO_{24}$ , 137 mM NaCl, 2,7 mM KC1; pH 7,4), a partir desta solução foram pipetados 50pl em cada poço para obter 1 mg/mL como concentração final. A placa foi incubada durante 2,30 horas na incubadora e o meio foi cuidadosamente decantado. Os cristais de formazano foram secos ao ar num local escuro e dissolvidos em lOOpl de DMSO, as placas foram ligeiramente agitadas à temperatura ambiente e a DO foi medida utilizando o leitor de microplacas Synergy H4 a 570nm.

A partir das densidades ópticas, os crescimentos percentuais foram calculados utilizando a seguinte fórmula

Crescimento percentual= 100* [(T-$T_Q$)/(C-$T_O$)]

Se, T é maior ou igual a To, e se T é menor que To,

Percentagem de crescimento = 100x [(T-To)/To)],

Em que T é a densidade ótica do ensaio,

C é a densidade ótica do controlo,

$T_o$ é a densidade ótica no tempo zero.

A partir da percentagem de crescimento, foi gerada uma curva de resposta à dose e os valores IC50 foram interpolados a partir das curvas de crescimento.

**Imagiologia celular**

No final do período de 48 horas, as imagens foram captadas antes da adição do MTT. As células tratadas com diferentes concentrações foram observadas ao microscópio para análise da morfologia celular e as imagens de cada concentração foram captadas e registadas.

# CAPÍTULO 5

# RESULTADOS

## 5.1 ANÁLISES FITOQUÍMICAS de *Turbinaria ornata* (extrato hexânico)

Os resultados das análises fitoquímicas preliminares do extrato de hexano de *Turbinaria ornata* são apresentados no **quadro 1.** Os resultados mostraram que os constituintes fitoquímicos como saponina, alcalóides, aminoácidos, óleo fixo e gordura, compostos fenólicos, taninos e flavonóides estavam presentes, mas os hidratos de carbono, glicosídeos e proteínas estavam ausentes.

**Tabela 1.** Resultados das análises fitoquímicas de *Turbinaria ornata* (extrato hexânico).

| Phytochemicals | Hexane extract |
|---|---|
| Carbohydrates & Glycosides | + |
| Proteins & Aminoacids | + |
| Saponins | + |
| Fixed oil & Fat | + |
| Tannin | + |
| Flavanoids | + |
| Alkaloids | + |

"+" indica presença e "-" indica ausência

## 5.2 SÍNTESE DE NANOPARTÍCULAS

As AgNPs foram sintetizadas utilizando *Turbinaria ornata* através do método descrito no capítulo 4. Ao misturar o extrato de algas marinhas fervido com a solução aquosa de nitrato de prata, a cor da solução aquosa de algas marinhas mudou de castanho-escuro para castanho. A mudança de cor indicou a redução do nitrato de prata em iões de prata, o que resultou na formação de AgNPs **(Figuras la & lb).**

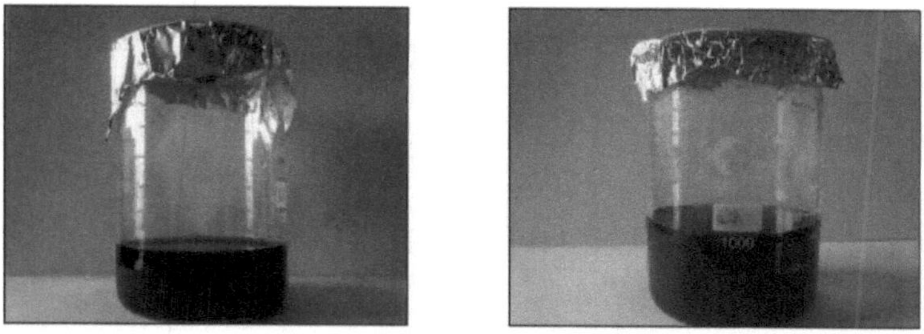

a) Boiled seaweed extract b) Seaweed AgNPs

**Figura 1.** Biorredução do extrato aquoso de algas marinhas em nanopartículas de prata após adição de AgNoa

## CARACTERIZAÇÃO DE NANOPARTÍCULAS

## 5.3. ESPECTROFOTOMETRIA UV-VISÍVEL

**Síntese de nanopartículas de prata**

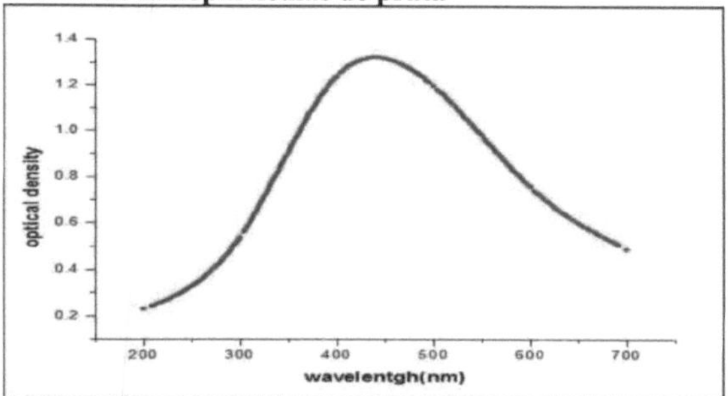


**Figura 2.** Espectro UV-visível das nanopartículas de prata sintetizadas pelo extrato aquoso *de Turbinaria ornata.*

A espetroscopia UV-vis é uma técnica importante para determinar a formação e a estabilidade de nanopartículas metálicas em solução aquosa. A relação entre as caraterísticas de absorção da radiação UV-visível e o tamanho e a forma do absorvente é bem conhecida. Consequentemente, a forma e o tamanho das nanopartículas em suspensão aquosa podem ser avaliados por estudos de absorvância UV-visível. **A Fig. 2** mostra os espectros de absorção da mistura de reação contendo uma solução aquosa de nitrato de prata (1 mM) e caldo *de Turbinaria ornata* (preparado a partir de 2 g de pó de algas marinhas). Os espectros de absorção obtidos revelam a produção de AgNPs em 2 minutos. Ao adicionar o caldo de algas à solução de AgNOs, a solução mudou de castanho-escuro para castanho. A cor final torna-se profunda e, finalmente, acastanhada com o passar do tempo. Verificou-se que a intensidade da absorvância aumentava à medida que a reação prosseguia. As AgNPs que exibem uma cor castanha intensa em água resultam dos plasmões de superfície. Isto deve-se à oscilação do dipolo que surge quando um campo eletromagnético na gama do visível é acoplado às oscilações colectivas dos electrões de condução. É um facto estabelecido que as nanopartículas metálicas com dimensões entre 200 e 800 nm apresentam um pico de plasmões de superfície forte e amplo. Os espectros de absorção ótica das nanopartículas metálicas, que são regidos por ressonâncias plasmónicas de superfície (SPR), deslocam-se para comprimentos de onda alongados, com o aumento do tamanho das partículas. A posição da banda de absorção também depende fortemente da constante dieléctrica do meio e das espécies adsorvidas à superfície (Anamika *et al.*, 2012)

## 5.4 ANÁLISE POR DIFRACÇÃO DE RAIOS X

O tamanho cristalino médio das AgNPs sintetizadas é de ~39 nm, calculado através da fórmula de Debye Scherer

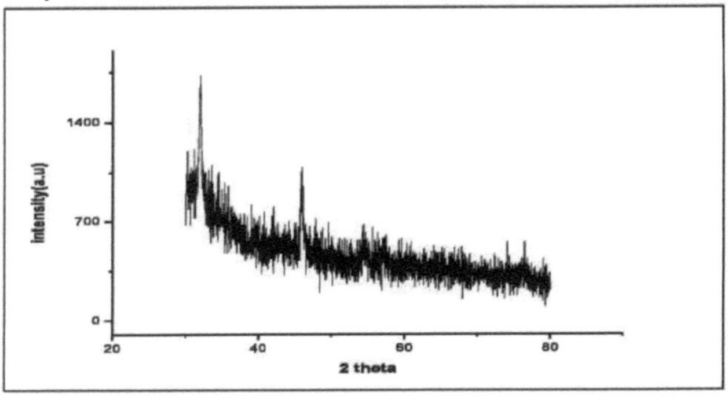


**Figura 3.** Padrões de difração de raios X das nanopartículas de prata sintetizadas.

A natureza exacta e o tamanho das AgNPs formadas foram estudados através da análise XRD. A Figura 3 mostra os picos de difração fortes e estreitos que indicam que o produto é bem cristalino. Os picos de XRD a 32,02° e 45,96° estão indexados às reflexões de Bragg da estrutura cúbica da prata metálica, respetivamente (cartão JCPDS n.º 04-0784). O alargamento dos picos de Bragg indica a formação de nanopartículas. AgNPs quase monodispersas com tamanho controlável e forma uniforme podem ser facilmente obtidas no método de redução aquosa simples. O tamanho médio das AgNPs foi calculado utilizando a equação de Debye-Scherrer, determinando a largura da reflexão de Bragg.

O tamanho dos cristalitos foi calculado a partir da largura dos picos de XRD, assumindo que estão livres de deformações não uniformes, utilizando as fórmulas de Scherrer.

$$\mathbf{D = k\lambda / \beta \cos \theta,}$$

Em que D é a espessura do nanocristal,

Coeficiente de Scherrer "k" (0,9)4

Comprimento de onda 'λ' dos raios X (CuKα) (1,5464A)

Largura total metade máxima (0,3654)

Portanto, D = [(0,98x1,5464)/ (0,3654xCos16,01°)] $x10^{-10}$

= [(0,98x1,5464)/ (0,3654x0,98)] $x10^{-10}$

= 3,9432 $x10^{-10}$

= $39x10^{-9}$

O tamanho cristalino médio das AgNPs sintetizadas é de aproximadamente 39 nm, o que está significativamente relacionado com os resultados do FE-SEM.

## 5.5 CROMATOGRAFIA GASOSA E ESPECTRÓMETRO DE MASSA (GC-MS)

A maioria dos componentes identificados com atividade antibacteriana extraídos de algas marinhas são compostos aromáticos e fenólicos e são solúveis em extrato de hexano (Charles *et al.*, 2011). O extrato hexânico de *Turbinaria ornata* indicou a presença de 13 compostos. Os compostos químicos identificados no extrato de hexano de *Turbinaria ornata* são apresentados na tabela 2. A análise GC-MS revelou a presença dos compostos principais ácido 1,2-Bcnzcnedicarboxílico, éster butil-2-metilpropílico (MW: 278, MF:Cı H $O_{6224}$ , $R_T$ 0.941), ácido N-Hexadecanóico (MW: 256, MF:Ci H $O_{6322}$ , $R_T$ 2.131), Z, Z-6, 28-Heptatriactontadien-2-One (MW:530, MF: C37H70O, $R_T$:2.418), Ácido 1,2-benzenodicarboxílico, Éster mono(2-etil-hexílico) (MW:278, MF: C16H22O4, $R_T$ 1.137), Colest-5-En-3-ol, 24-Propilideno-, (3 Beta.) (MW: 426, MF: C30H50O, $R_T$ 3.479) com $R_T$ de 31. Os restantes compostos são componentes menores, o nome dos compostos, os tempos de retenção e as suas percentagens estão listados na **(Tabela-2)**. A estrutura de cada um dos compostos principais foi desenhada utilizando o software versão 8.0.

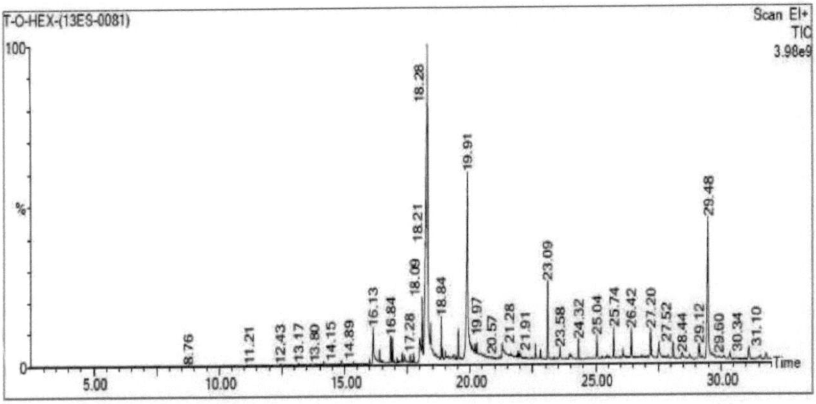


| # | RT | Scan | Height | Area | Area % | Norm % |
|---|---|---|---|---|---|---|
| 1 | 16.134 | 2726 | 447,577,664 | 22,865,742.0 | 2.986 | 7.87 |
| 2 | 16.839 | 2867 | 326,057,568 | 7,850,472.5 | 1.025 | 2.70 |
| 3 | 16.909 | 2881 | 304,091,744 | 7,209,647.0 | 0.941 | 2.48 |
| 4 | 17.990 | 3097 | 267,580,192 | 16,323,982.0 | 2.131 | 5.62 |
| 5 | 18.090 | 3117 | 714,212,416 | 18,519,108.0 | 2.418 | 6.38 |
| 6 | 18.300 | 3159 | 3,747,975,936 | 290,421,056.0 | 37.920 | 100.00 |
| 7 | 18.420 | 3183 | 317,631,552 | 8,710,048.0 | 1.137 | 3.00 |
| 8 | 18.840 | 3267 | 517,650,752 | 11,700,844.0 | 1.528 | 4.03 |
| 9 | 19.530 | 3405 | 389,685,120 | 11,182,383.0 | 1.460 | 3.85 |
| 10 | 19.905 | 3480 | 2,208,122,880 | 141,868,192.0 | 18.524 | 48.85 |
| 11 | 21.276 | 3754 | 165,107,360 | 10,240,566.0 | 1.337 | 3.53 |
| 12 | 23.092 | 4117 | 988,278,336 | 26,645,322.0 | 3.479 | 9.17 |
| 13 | 24.322 | 4363 | 254,641,232 | 6,746,830.0 | 0.881 | 2.32 |
| 14 | 25.043 | 4507 | 303,065,248 | 9,561,792.0 | 1.248 | 3.29 |
| 15 | 25.738 | 4646 | 387,045,856 | 10,821,565.0 | 1.413 | 3.73 |
| 16 | 26.423 | 4783 | 374,098,880 | 11,127,977.0 | 1.453 | 3.83 |
| 17 | 27.198 | 4938 | 355,123,168 | 11,678,048.0 | 1.525 | 4.02 |
| 18 | 27.518 | 5002 | 180,814,272 | 10,634,028.0 | 1.388 | 3.66 |
| 19 | 28.094 | 5117 | 204,169,344 | 8,109,939.0 | 1.059 | 2.79 |
| 20 | 29.119 | 5322 | 185,812,640 | 8,015,113.0 | 1.047 | 2.76 |
| 21 | 29.479 | 5394 | 1,769,147,776 | 106,982,112.0 | 13.969 | 36.84 |
| 22 | 31.100 | 5718 | 136,885,664 | 8,653,696.0 | 1.130 | 2.98 |

**Figura** *4.* Cromatograma GC- MS do extrato hexânico de *Turbinaria ornata* e respetivo **peso molecular**

**Tabela** 2. Fitocomponentes identificados a partir de extractos hexânicos de *Turbinaria ornata* por GC-MS e os seus compostos correspondentes

| S. No | $R_T$ | NAME OF THE COMPOUNDS | M.W. | M.F. | PEAK % AREA |
|---|---|---|---|---|---|
| 1 | 16.13 | Tetradecanoic acid | 228 | $C_{14}H_{28}O_2$ | 2.986 |
| 2 | 17.99 | CIS-13-Eicosenoic acid | 310 | $C_{20}H_{38}O_2$ | 1.025 |
| 3 | 18.09 | 1,2-Benzenedicarboxylic acid, Butyl 2-methylpropyl ester | 278 | $C_{16}H_{22}O_4$ | 0.941 |
| 4 | 18.29 | N-Hexadecanoic acid | 256 | $C_{16}H_{32}O_2$ | 2.131 |
| 5 | 19.90 | Z,Z-6,28-Heptatriactontadien-2-one | 530 | $C_{37}H_{70}O$ | 2.418 |
| 6. | 21.28 | 5,8,11,14-Eicosatetraenoic acid, methyl ester, (ALL-Z)- | 318 | $C_{21}H_{34}O_2$ | 37.920 |
| 7 | 23.09 | 1,2-Benzenedicarboxylic acid, mono(2-ethylhexyl) ester | 278 | $C_{16}H_{22}O_4$ | 1.137 |
| 8 | 25.04 | Hentriacontane | 436 | $C_{31}H_{64}$ | 1.528 |
| 9 | 25.74 | Hentriacontane | 436 | $C_{31}H_{64}$ | 1.460 |
| 10 | 27.20 | Hentriacontane | 436 | $C_{31}H_{64}$ | 18.524 |
| 11 | 28.09 | Hentriacontane | 436 | $C_{31}H_{64}$ | 1.337 |
| 12 | 29.48 | Cholest-5-en-3-ol, 24-propylidene-, (3.beta.) | 426 | $C_{30}H_{50}O$ | 3.479 |
| 13 | 31.10 | Stigmasta-4,24(28)-dien-3-one, (24E) | 410 | $C_{29}H_{46}O$ | 0.881 |

ÁCIDO TETRADECANÓICO

ÁCIDO CIS-13-EICOSENÓICO

ÁCIDO 1,2-BENZENODICARBOXÍLICO, ÉSTER BUTÍLICO 2-METILPROPÍLICO

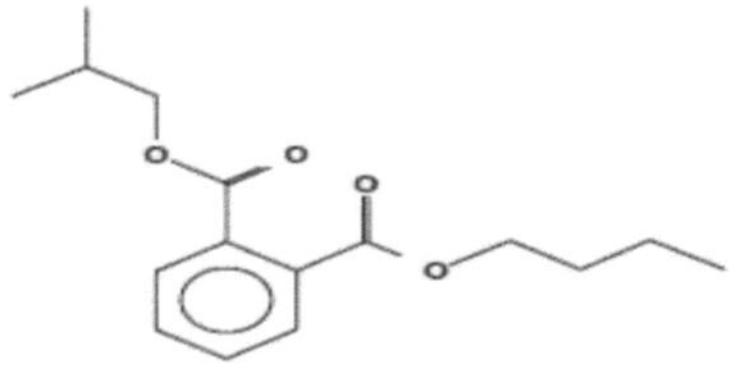

ÁCIDO N-HEXADECANÓICO

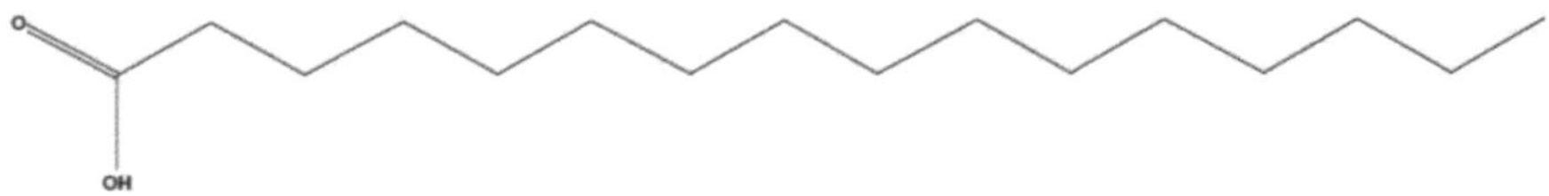

Z,Z-6,28-HEPTATRIACTONTADIEN-2-ONA

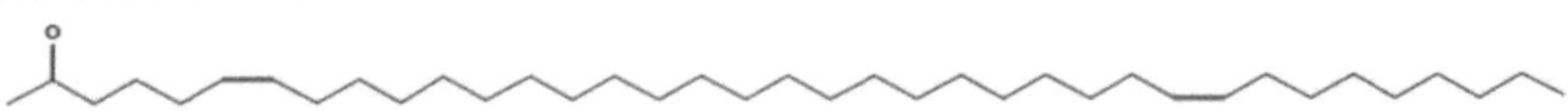

ÁCIDO 5,8,11,14-EICOSATETRAENÓICO, ÉSTER METÍLICO, (ALL-Z)

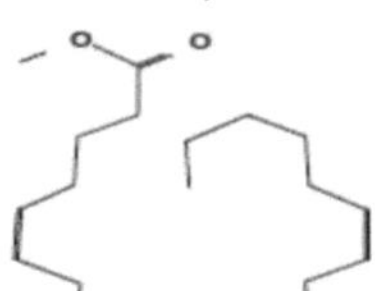

ÁCIDO 1,2-BENZENODICARBOXÍLICO, ÉSTER M0N0(2-ETIL-HEXÍLICO)

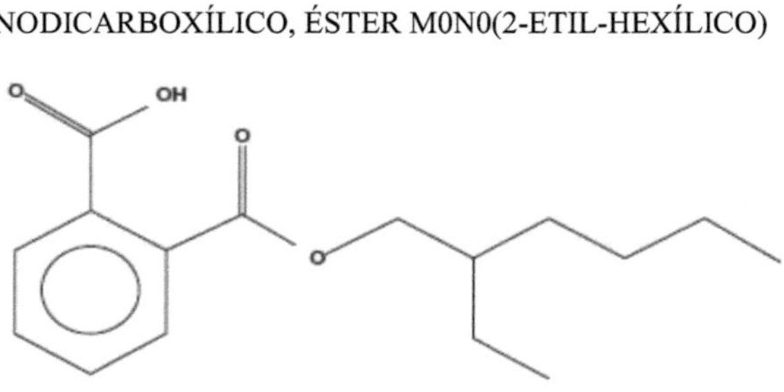

HENTRIACONTÂNEO

HENTRIACONTÂNEO

HENTRIACONTÂNEO

HENTRIACONTÂNEO

COLEST-5-EN-3-OL, 24-PROPILIDENO-, (3.BETA.)

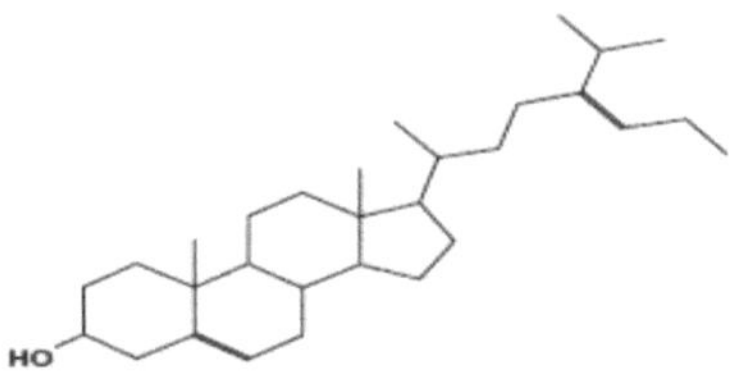


ESTIGMASTA-4, 24(28)-DIEN-3-ONA, (24E)

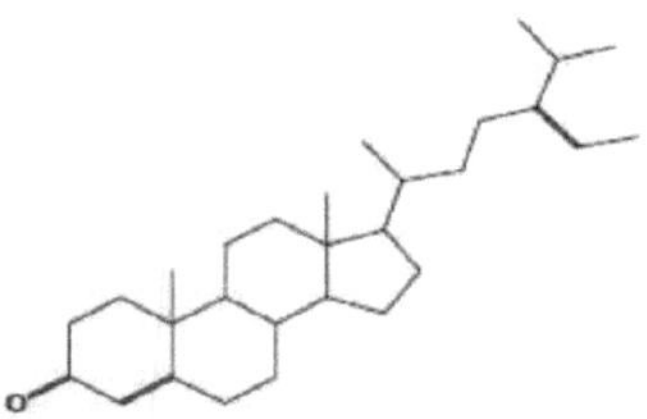


**Figura 5. Elucidação estrutural dos compostos do extrato hexânico *de T.ornata***

## 5.6 ANÁLISE DE ESPECTROSCOPIA FTIR

O FT-IR foi utilizado para identificar o grupo funcional dos componentes activos com base no valor do pico da radiação infravermelha. Quando o extrato de hexano foi passado para o FT-IR, os grupos funcionais dos componentes foram separados com base no rácio do seu pico. O valor do pico e o respetivo grupo funcional são apresentados nas **Tabelas 3 e 4.** Para as medições de FTIR, a solução de nitrato de prata biorreduzida foi centrifugada a 10 000 rpm durante 15 minutos e o pellet foi lavado com água desionizada para eliminar as enzimas proteicas livres que não estavam a cobrir as nanopartículas de prata. As amostras foram secas e trituradas com pastilhas de KBr e analisadas num instrumento Thermo Nicolet modelo 6700 spectrum one no modo de transmitância difusa, operando com uma resolução de 4 $cm^{-1}$ em 4000-500 $cm^{-1}$ . A fim de obter uma boa relação sinal/ruído, foram registados 512 exames.

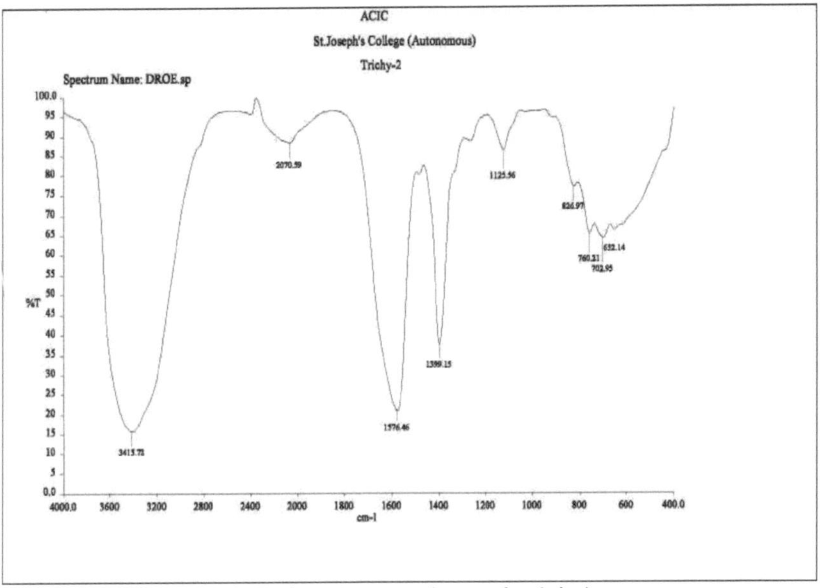


**Figura 6.** Análise FTIR de *Turbinaria ornata* (extrato hexânico)

**Tabela 3.** Grupos funcionais e respectivos estiramentos do espetro FTIR.

| Wave number | Vibrational mode |
|---|---|
| 3415.72 | NH Strech |
| 2070.59 | –C≡C– |
| 1576.46 | N-O |
| 1399.15 | C–C (In ring) |
| 1125.56 | C-N Strech |
| 826.97 | C–Cl stretch |
| 760.21 | =C-H bend |
| 702.95 | =C-H bend |
| 652.14 | =C-H bend |

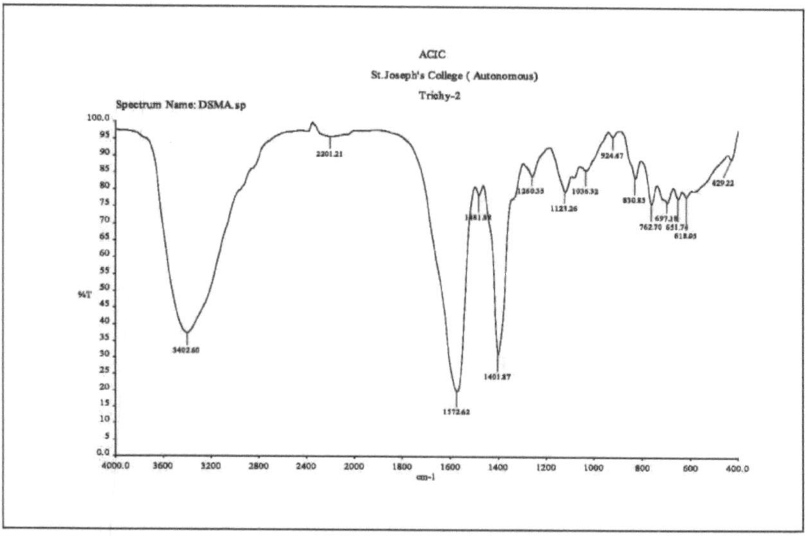


**Figura 7.** Análise FTIR das nanopartículas de prata sintetizadas a partir de *Turbinaria ornate*

**Tabela 4.** Grupos funcionais e respectivos estiramentos do espetro FTIR.

| Wave number | Vibrational mode |
|---|---|
| 3402.60 | NH Strech |
| 2201.21 | –C≡C– |
| 1572.62 | N-O |
| 1481.88 | C–C (In ring) |
| 1401.87 | C–C (In ring) |
| 1260.35 | C-N Strech |
| 1123.26 | C-N Strech |
| 1036.32 | C-N Strech |
| 924.47 | O-H Bend |
| 830.85 | C–Cl stretch |
| 762.70 | =CH-Bend |
| 697.18 | =CH-Bend |
| 651.74 | =CH-Bend |
| 618.05 | =C-H Bend |
| 429.22 | C-Br |

### 5.7 ANÁLISE FE-SEM

A micrografia FE-SEM da amostra de AgNPs revelou a presença de partículas esféricas com tamanhos que variam entre 20,40-32,05 nm, como mostra a **Figura 8A.** O facto de todas as nanopartículas estarem bem separadas e não terem sido observados aglomerados ou massa agregada indica claramente a estabilização de nanopartículas individuais. Mesmo na região em que as nanopartículas se encontram em aglomerados frouxamente dispostos, as nanopartículas individuais podem ser facilmente reconhecidas, indicando que os aglomerados se formam devido a forças de ligação fracas. Assim, o tamanho uniforme das AgNPs **Figura 8A.** derivado da **Figura 8B** corrobora bem com a distribuição estreita do tamanho das AgNPs observada através da banda SPR acentuada.

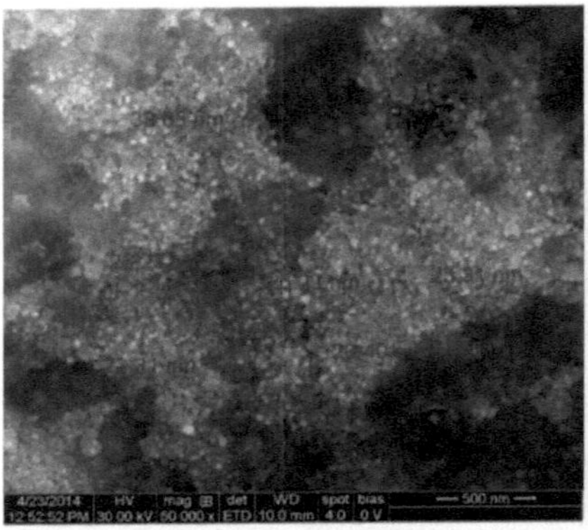

A

B

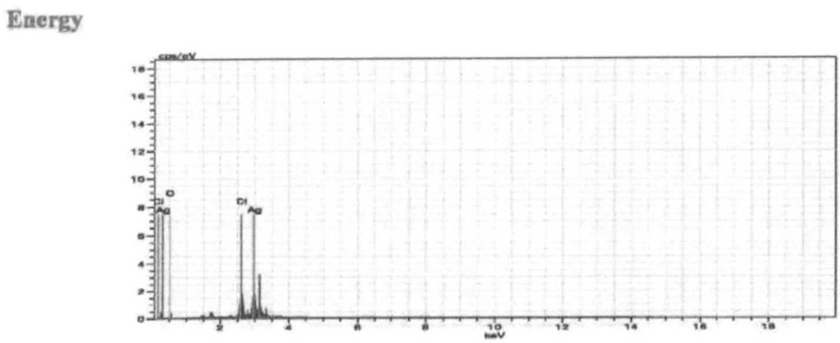


Spectrum: 3 1614

| El | AN | Series | unn. C [wt.%] | norm. C [wt.%] | Atom. C [at.%] | Error (1 Sigma) [wt.%] |
|---|---|---|---|---|---|---|
| Ag | 47 | L-series | 24.92 | 59.62 | 23.37 | 0.83 |
| Cl | 17 | K-series | 8.66 | 20.73 | 24.72 | 0.33 |
| O | 8 | K-series | 8.21 | 19.65 | 51.92 | 1.65 |
| | | Total: | 41.80 | 100.00 | 100.00 | |

**Figura 8. Morfologia FE-SEM de *T.*ornata-AgNPs**

## 5.8 POTENCIAL DE ZETA (ζ)

O potencial zeta (ζ) é um parâmetro essencial para estudar o estado da superfície das nanopartículas e prever a sua estabilidade a longo prazo. O potencial eletrostático na dupla camada eléctrica que envolve uma nanopartícula em solução é referido como o potencial zeta. Uma vez que o tamanho das AgNPs era superior a 10 nm, foi utilizada uma suspensão de 0,1 ζ g/mL de nanopartículas de prata para a medição do potencial zeta. Como visto na **Figura 9.** as nanopartículas de prata exibiram a maior contagem com um valor ζ de -2,86 mV, indicando uma carga moderadamente negativa na superfície das nanopartículas. O valor moderado de *C,* pode também refletir a adsorção de moléculas na superfície das nanopartículas de prata e a forma electrostaticamente estável das AgNPs.

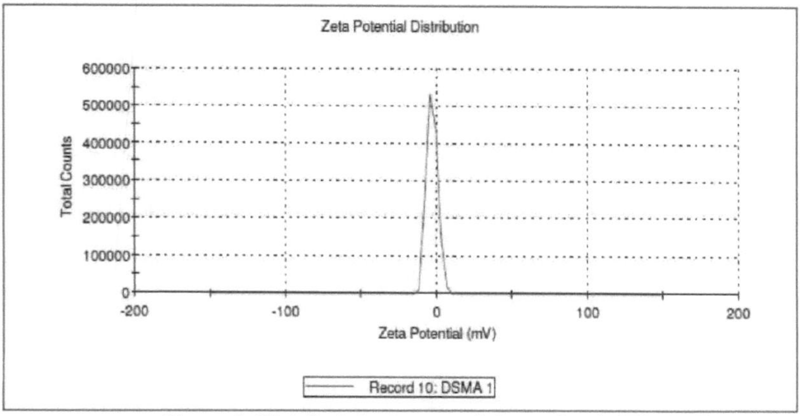


**Figura 9. Distribuição do potencial zeta das AgNPs de *T.ornata***

## 5.9 DISPERSÃO DINÂMICA DA LUZ

O relatório DLS indica que o tamanho médio das partículas da nanopartícula é de cerca de 100 nm. A imagem FESEM mostrou que o tamanho da nanopartícula é de 20,40 nm, o que será mais adequado para a produção de medicamentos. O tamanho das nanopartículas de Ag produzidas foi confirmado utilizando a dispersão dinâmica da luz, como se mostra na **Figura 10.** Os resultados estão de acordo com a observação FESEM; com nanopartículas de Ag sintetizadas utilizando ImM. O tamanho medido por DLS é ligeiramente maior em comparação com o tamanho das partículas medido a partir das micrografias FESEM porque o método de dispersão dinâmica da luz mede o raio hidrodinâmico, que tem em consideração o revestimento de *Turbinaria ornata* na superfície da Ag, tornando assim as partículas maiores.

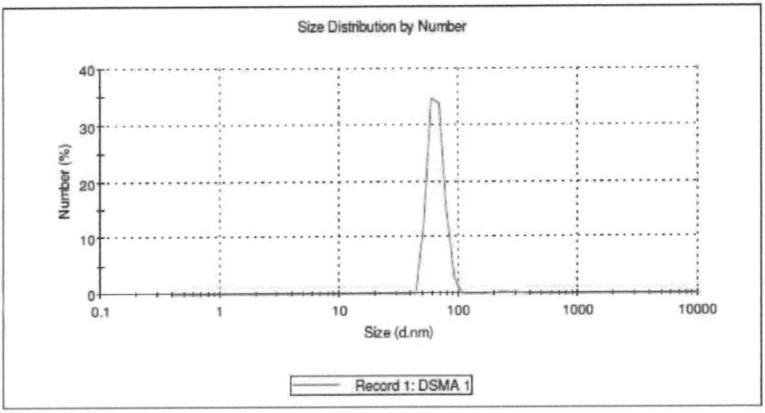


**Figura 10. Distribuição do tamanho das AgNPs de *T.ornata* por DLS**

## 5.10 ACTIVIDADE ANTIBACTERIANA DE EXTRACTOS DE ALGAS MARINHAS

Foram selecionadas 4 espécies *(EcheeiiMa coli, Staphylococcus aureus, Klebsiella* sp e *Pseudomonas aeruginosa)* de bactérias multirresistentes para testar a atividade antibacteriana de 3 extractos (metanol, hexano e acetona) de *Sargassum plagiophyllum, Sargassum fusiforme, Sargassum wightii, Sargassum falciperum e Turbinaria ornata.* As actividades antibacterianas foram observadas após 24 horas de incubação. A formação da zona ao nível da concentração mínima foi observada na *Turbinaria ornata*, particularmente no n-hexano **(Tabela 5.10 a).**

**Figura 11. Atividade antibacteriana dos extractos de algas marinhas**

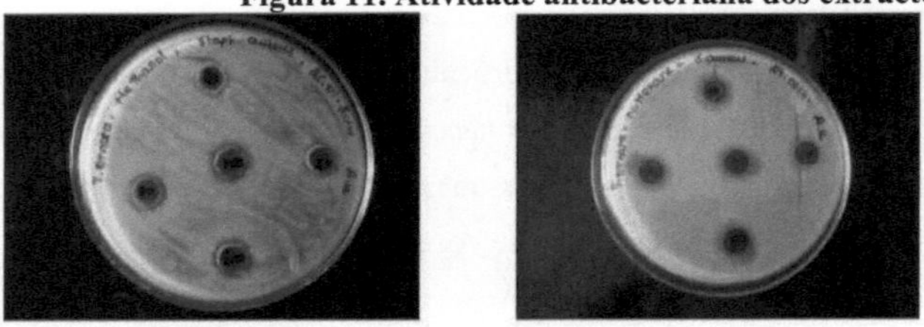

a) *Turbinaria ornata* - extrato metanólico *Staphylococcus aureus*
b) *Turbinaria ornata* - extrato hexânico *Staphylococcus aureus*

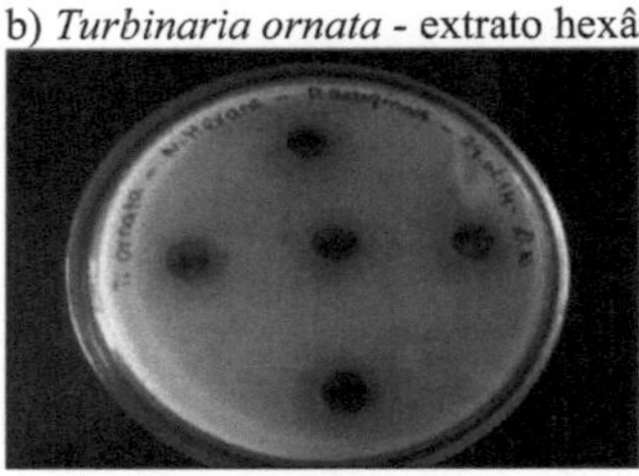

c) *Turbinaria ornata* - extrato hexânico *Pseudomonas aeruginosa*

## 5.11 ACTIVIDADE ANTIBACTERIANA DAS NANOPARTÍCULAS SINTETIZADAS

As nanopartículas de AgNOi de *Turbinaria ornata* foram sintetizadas e a atividade antibacteriana foi realizada nas bactérias multirresistentes *{Echherihhia coli, Staphylococcus aureus, Klebsiella* sp. e *Pseudomonas aeruginosa).* **A Tabela 5.11a** mostra a atividade das AgNPs. Foram utilizadas micro e macro nanopartículas de prata para testar a atividade antibacteriana

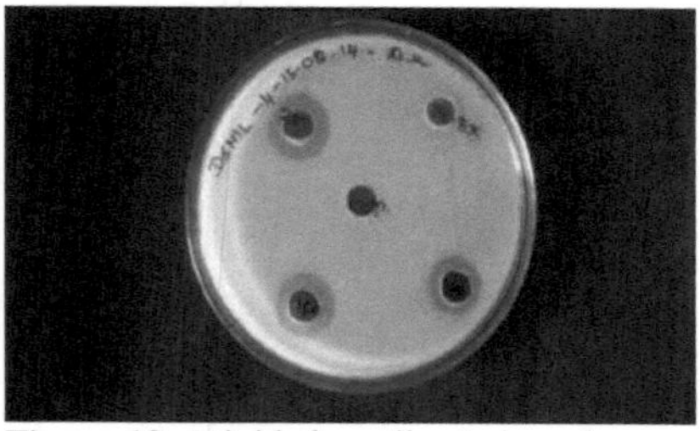

**Figura 12.** Atividade antibacteriana das nanopartículas de prata sintetizadas contra *Pseudomonas aeruginosa*

**Table 5. Atividade antibacteriana de extractos de algas marinhas**

| **Diameter of zone of inhibition (in mm)** *Turbinaria ornata* **Extract concentration (in µl)** | | | | | | | | | | |
|---|---|---|---|---|---|---|---|---|---|---|
| **Extract** | **Methanol** | | | | | **n-hexane** | | | | |
| **Organism** | 20 | 40 | 60 | 80 | 100 | 20 | 40 | 60 | 80 | 100 |
| *E. coli* | - | - | - | - | - | - | - | - | - | - |
| *S. aureus* | - | | 11.67 ±0.58 | 12.67 ±0.58 | 13.33 ±1.15 | 14.33 ±1.15 | 15.67 ±0.58 | 16.67 ±0.58 | 17.33 ±0.58 | 18.3 ±0.58 |
| *Klebsiella* sp. | - | - | - | - | - | 12.00 ±1.00 | 14.00 ±1.00 | 16.00 ±1.00 | 17.3 3±0.58 | 18.33 ±0.58 |
| *P. aeruginosa* | - | - | - | 10.67 ±0.58 | 12.00 ±1.00 | 15.33 ±0.58 | 16.33 ±0.58 | 16.77 ±0.58 | 17.67 ±0.58 | 18.33 ±0.58 |

**Table 6. Atividade antibacteriana de nanopartículas de prata sintetizadas**

| **Diameter of zone of inhibition (in mm)** *Turbinaria ornata* **Extract concentration (in µl)** | | | | | | |
|---|---|---|---|---|---|---|
| **Nanoparticles** | **AgNPs** | | | | | |
| Organism | *Aq.ex* | $AgNO_3$ | AgNPs | AgNPs | AgNPs | Chloram-phenicol |
| | 100 | 100 | 100 | 150 | 200 | 10 |
| *P. aeruginosa* | - | - | 15.67±0.58 | 17.00±0.00 | 17.66±0.58 | 13.00±0.00 |

## 5.12 BIOENSAIO LARVICIDA

Neste estudo, a atividade larvicida de extractos de N-hexano de *Turbinaria ornata* e de nanopartículas de $AgNO_3$ de T. *ornata* (100, 300, 500, 700 e 900 pg/ml) foi testada contra larvas de quarto instar de *Aedes aegypti* e *Culex quinquefasciatus.* **A Tabela 7** mostra que a percentagem de mortalidade de extractos de hexano e AgNPs de *Turbinaria ornata* em várias concentrações para *Aedes aegypti* e *Culex quinquefasciatus*.

**Tabela 7. Actividades larvicidas do extrato de hexano e das nanopartículas de prata**

| Concentrations | *Aedes aegptii* % Mortality | | *Culex quinquefasciatus* % Mortality | |
|---|---|---|---|---|
| | Extract | Ag NPs | Extract | Ag NPs |
| 100 | 18.66 | 28.00 | 13.33 | 42.66 |
| 300 | 30.66 | 41.33 | 26.66 | 42.66 |
| 500 | 36.00 | 48.00 | 45.33 | 38.66 |
| 700 | 50.66 | 58.66 | 49.33 | 62.66 |
| 900 | 56.00 | 73.33 | 54.66 | 73.33 |

| IV instar larva | Test samples | $LC_{50}$ | 95%confidence (LCL-UCL) | $LC_{90}$ | 95%confidence (LCL-UCL) | $\chi^2$ Value |
|---|---|---|---|---|---|---|
| *A. a* | Ag NPs | 400.80 | 301.68-531.38 | 5440.38 | 2662.62-23175.92 | 4.112 |
| | extract | 722.09 | 572.39-1272.76 | 1.15 | 4496.34-90444.63 | 1.898 |
| *C.q* | Ag NPs | 227.15 | 101.15-342.20 | 1.26 | 3664.48-589286.02 | 2.826 |
| | extract | 704.47 | 526.48-1177.34 | 6102.72 | 2725.72-35355.92 | 0.985 |

*(A.a = A. aegptii C.q = C.quinque-fasciatus)*

## 5.13 ACTIVIDADE ANTICANCERÍGENA

### PROPRIEDADE DE INIBIÇÃO DO CRESCIMENTO CELULAR DE *Turbinaria ornata*

Os extractos de hexano e as AgNPs de *Turbinaria ornata* mostraram uma propriedade de inibição do crescimento dependente da dose na linha celular testada. O composto de teste de cada concentração foi efectuado em quadruplicado e a variação cumulativa foi mantida a menos de 20% entre os pontos de dados. Dois conjuntos de linhas celulares foram testados numa placa de 96 poços, tal como descrito no formato de 96 poços abaixo. Os resultados e os dados brutos foram ilustrados no quadro 8 e nas figuras 3 e 14.

**Tabela 8. Percentagens de viabilidade celular após tratamento com extrato de planta e nanopartículas de prata**

| **Concentration** | ***Vero* cell line** | | **A549** | |
|---|---|---|---|---|
| | **Plant Extract** | **AgNPs** | **Plant Extract** | **AgNPs** |
| CC | 100 | 100 | 100 | 100 |
| 10 | 92.70073 | 96.2406 | 87.68657 | 95.43726 |
| 20 | 87.9562 | 86.84211 | 79.85075 | 88.21293 |
| 30 | 84.67153 | 76.69173 | 75.74627 | 77.94677 |
| 40 | 77.73723 | 70.30075 | 72.38806 | 70.72243 |
| 50 | 73.72263 | 61.2782 | 66.41791 | 63.4981 |
| 60 | 69.70803 | 54.13534 | 60.44776 | 54.37262 |
| 70 | 64.9635 | 48.49624 | 57.08955 | 46.0076 |
| 80 | 59.48905 | 38.7218 | 52.98507 | 38.78327 |
| 90 | 55.47445 | 32.33083 | 50.37313 | 33.46008 |
| 100 | 49.63504 | 26.69173 | 45.52239 | 24.3346 |
| **$IC_{50}$** | **107.5** | **62.74** | **91.76** | **62.84** |
| **$R^2$** | **0.9864** | **0.9911** | **0.9841** | **0.9906** |

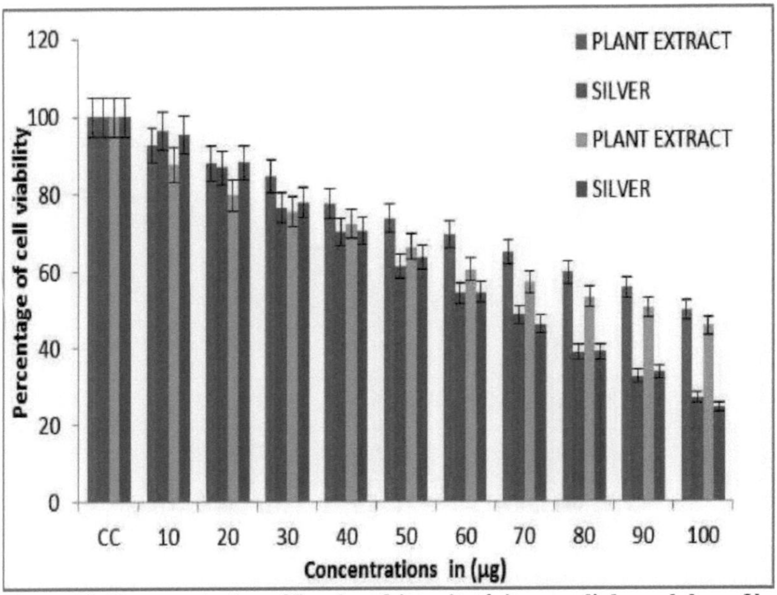


**Figura 13. Representação gráfica dos efeitos citotóxicos nas linhas celulares *Vero* e A549**

**Seaweed extract treated *Vero***

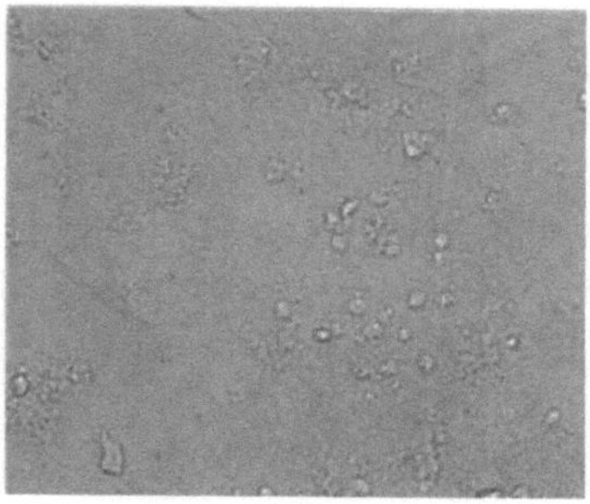

**Seaweed extract treated A549**

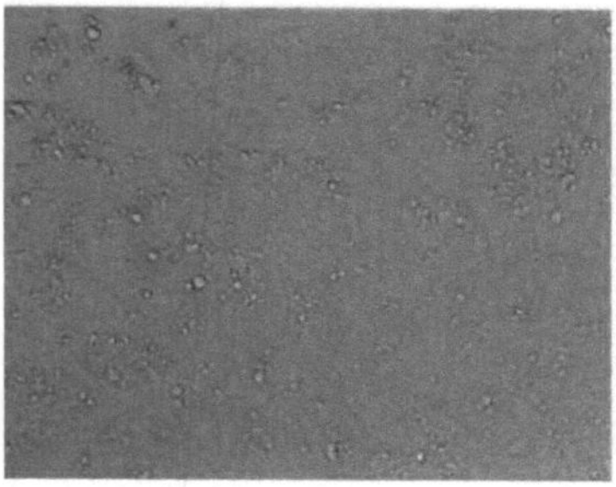

**AgNPs treated *Vero***

**AgNPs treated A549**

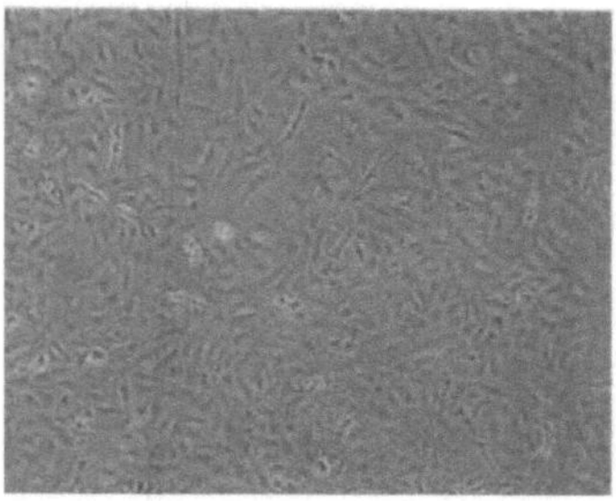

***Vero* control**

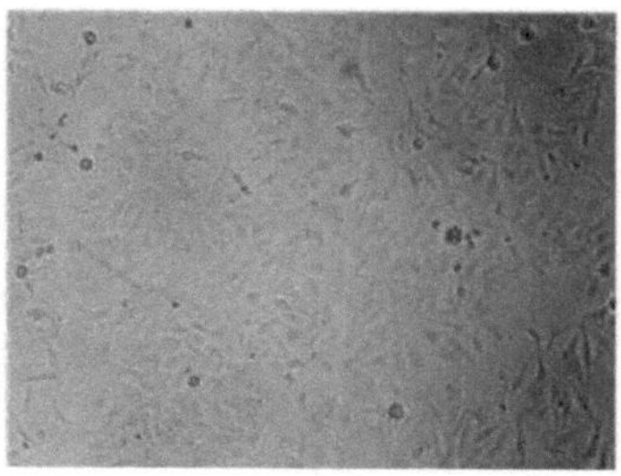

**A549 control**

**Figura 14. Efeitos citotóxicos do extrato de algas marinhas e das nanopartículas de prata na linha celular A549**

# CAPÍTULO 6

# DISCUSSÃO

Os organismos marinhos são uma fonte rica de metabolitos estruturalmente novos e biologicamente activos. Os metabolitos secundários produzidos por estes organismos são os potenciais compostos bioactivos de interesse para fins biológicos e farmacológicos. As algas marinhas são o recurso económico potencial no ambiente marinho e terão grande importância no desenvolvimento de medicamentos (Fuesetani, 2000). Os principais objectivos do trabalho foram avaliar e comparar a capacidade de diferentes espécies de macroalgas da costa sudeste da Índia para produzir compostos bioactivos e a síntese de nanopartículas de prata. No presente estudo, os extractos brutos e as nanopartículas de prata derivadas das algas foram analisados quanto à sua atividade antibacteriana através de métodos de difusão em poço. Atualmente, os extractos de algas marinhas de três solventes diferentes (metanol, N-hexano e acetona) das espécies Sargassum plagiophyllum, Sargassum fusiforme, Sargassum wightii, Sargassum *falciparum* e *Turbinaria ornata* foram avaliados quanto à atividade antimicrobiana contra 4 bactérias patogénicas multirresistentes, viz: *Escherichia coli, Staphylococcus aureus, Klebsiella* sp e *Pseudomonas aeruginosa.* Anteriormente, vários investigadores demonstraram os efeitos inibitórios das algas marinhas contra organismos gram positivos e gram negativos (Shiaikh *et al.,* 1990; Subba *et al.,* 2010; Patra *et al.,* 1990). Nesta investigação preliminar, a macroalga *Turbinaria ornata* - extrato de hexano mostrou a atividade máxima em comparação com os outros extractos de solvente (metanol e acetona). E também provou a atividade antibacteriana particularmente para *Staphylococcus aureus, Klebsiella* sp e *Pseudomonas aeruginosa.*

A presença de fitoconstituintes, tais como fenóis, proteínas, aminoácidos, hidratos de carbono, saponinas, óleo fixo e gordura, alcalóides, flavonóides e taninos nas algas marinhas, indicou a possibilidade de atividade anticancerígena, antibacteriana e larvicida. Vários estudos relataram que as algas marinhas são uma excelente fonte de compostos como polissacáridos, taninos, flavonóides, ácidos fenólicos, bromofenóis e carotenóides com diferentes actividades biológicas (Rodriguez et al. 2010).

As nanopartículas de prata sintetizadas a partir do extrato aquoso de algas marinhas de *T.ornata* foram avaliadas através de um espetrofotómetro UV na gama de comprimentos de onda de 200-800nm. Os resultados revelaram que um pico a 420nm no extrato de algas marinhas indicava a síntese de nanopartículas de prata. Isto é semelhante à vibração do plasma de superfície com picos caraterísticos de nanopartículas de prata preparadas por redução química. Um resultado semelhante foi também obtido por um investigador anterior (Sastry *et al.,* 2003).

Os picos de XRD a 37,8°, 44,1°, 62,9° e 75,9° correspondem à estrutura cúbica de face centrada das nanopartículas de prata, respetivamente (JCPDS n.º 89-3722), o que está de acordo com o resultado do SAED. O tamanho do cristal das AgNPs foi calculado a partir da equação de Scherrer utilizando o valor FWHM medido para o plano de reflexão (111). O tamanho do cristalito obtido por XRD é de cerca de 15 nm, o que está de acordo com os resultados do TEM (Otari et *al.*, 2012). No nosso estudo, os picos obtidos foram muito semelhantes a 32,02° e 45,96° e a equação de Debye-Scherrer da estrutura cúbica da prata metálica foi de (1 1 1), (2 0 0), (2 2 0) e (3 1 1), o que indica a formação de nanopartículas. O padrão XRD mostra claramente que as nanopartículas de prata são de natureza cristalina. A distribuição do tamanho dos aglomerados de AgNPs é de cerca de lOOnm, conforme medido pelos resultados do FESEM.

Os materiais de algas marinhas foram submetidos a análises FT-IR e UV-visível para a identificação do grupo funcional e da ligação dos compostos químicos presentes no extrato. Os resultados da análise FT-IR do extrato bruto de hexano de *T.ornata* mostraram os valores de pico mais elevados de 3415,72 e 652,14 e as nanopartículas de prata mostraram a presença de picos devidos a 3402,60 e 429,22, respetivamente, indicando o grupo funcional de estiramento C-H e C-N. Uma descoberta semelhante foi relatada anteriormente, que mostrou os grupos funcionais de compostos bioactivos de extractos de solventes utilizando o espetro FT-IR (Meenakshi et *al.*, 2011).

Os extractos hexânicos de algas marinhas e as nanopartículas de prata sintetizadas foram utilizados no presente estudo, que mostrou os valores LC50 de 722,09 e 400,80 para *Aedes aegptii* e o valor LC50 de 227,15 e 704,47 para *Culex quinquefasciatus*, respetivamente, o que seria um fator importante na conceção de uma dose larvicida promissora. O relatório anterior mostrou valores de LC50 inferiores a 13ppm (Shaalan *et al.*, 2005).

Atualmente, verificou-se que o extrato hexânico de *T. ornata* contém 13 compostos, nomeadamente Ácido 1, 2-benzenodicarboxílico, éster butil-2-metilpropílico, ácido N-hexadecanóico, Z, Z-6, 28-heptatriactontadien-2-ona, ácido 1, 2-benzenodicarboxílico, éster mono (2-etil-hexílico), colest-5-En-3-ol, 24-propilideno-3.Beta compostos na fração de hexano. Achados semelhantes foram relatados anteriormente por Kang *et al.*, (2008), que identificaram 25 compostos usando GCMS. O extrato de diclorometano de *Sargassum fulvallum* revelou a presença de ácido tetradecónico, ácido hexadecanóico, neofitadieno e ácido oleico como constituintes principais. Investigadores anteriores estabeleceram que as algas castanhas são uma fonte rica de compostos citotóxicos (Smith, 2004). Ara et *al.* (1999) referiram que o extrato de *Sargassum aspermum* possuía mais compostos citotóxicos do que os presentes resultados. O extrato hexânico *de T. ornata* tratado com a linha celular humana A549 indicou a existência de compostos citotóxicos potentes, tais como fenol, esteróides e alcalóides que possuem propriedades anticancerígenas. O presente estudo revelou a atividade máxima do extrato *de T.ornata* com o valor IC50 de 91,76 pg/ml, a linha celular de controlo-Vero com o valor de 107,5 pg/ml, a nanopartícula de prata com 62,74 pg/ml e a linha celular de controlo-Vero com o valor de 62,84 pg/ml.

Por conseguinte, estes compostos citotóxicos podem ser mais explorados para encontrar novas pistas para a terapêutica do cancro.

# CAPÍTULO 7

## RESUMO


- As amostras de cinco espécies de algas marinhas recolhidas na costa de Rameshwaram foram extraídas em solventes de metanol, hexano e acetona.
- Os diferentes extractos (metanol, hexano e acetona) de algas marinhas Sargassum plagiophyllum, Sargassum fusiforme, Sargassum wightii, *Sargassum falciparum* e *Turbinaria ornata* foram analisados quanto à sua atividade antibacteriana contra as 4 estirpes bacterianas patogénicas humanas multirresistentes *EEschrrichia coli, Staphylococcus aureus, Klebsiella* sp e *Pseudomonas aeruginosa}.*
- Entre as cinco espécies de algas marinhas selecionadas, o extrato hexânico de *Turbinaria ornata* mostrou uma atividade máxima contra *Staphylococcus aureus, Klebsiella* sp e *Pseudomonas aeruginosa.* Os extractos de metanol de *T.ornata* inibiram as culturas testadas de *Staphylococcus aureus* e *Pseudomonas aeruginosa.*
- A síntese de nanopartículas de prata foi confirmada com mudanças de solução castanha preta para castanha para *Turbinaria ornata.*
- Os espectros UV-visíveis indicaram uma forte ressonância plasmónica a 420 nm nas diferentes proporções de diluição das nanopartículas de prata sintetizadas.
- A análise XRD mostrou que o tamanho médio dos cristais das nanopartículas de prata sintetizadas era de aproximadamente 39 nm, o que está significativamente relacionado com o resultado FESEM.
- O espetro FTIR revelou a presença de diferentes grupos funcionais como aminas, halogenetos, alcanos, alcinos, amidas e com os respectivos estiramentos, que estão presentes nas AgNPs sintetizadas.
- A análise FESEM mostrou que a morfologia das AgNPs era quase esférica com um tamanho que variava entre 20,40-32,05 nm, o que estava significativamente relacionado com os resultados XRD.
- A atividade antibacteriana das nanopartículas de prata sintetizadas foi testada em *Escherichia coli, Staphylococcus aureus, Klebsiella* sp e *Pseudomonas aeruginosa.* E a análise mostrou que as AgNPs tinham a atividade antibacteriana contra a *Pseudomonas aeruginosa.*
  - A atividade larvicida do extrato de hexano de *Turbinaria ornata* e das nanopartículas de prata de *Turbinaria ornata* foi realizada em duas espécies de larvas de *Aedes aegypti* e *Culex quinquefasciatus* e a análise mostrou que houve um efeito larvicida.

- As AgNPs e o extrato hexânico de *Turbinaria ornata* foram testados quanto às suas propriedades anticancerígenas utilizando a linha celular de cancro do pulmão (A549).

**BIBLIOGRAFIA**


Abbott W.S., 1925. Um método de cálculo da eficácia de um inseticida. J Economic Entomol, 18, 265-267.

AL-Haj N.A., Mashan N.I., Shamsudin M.N., Mohamad H., Vairappan C.S., Sekawi Z., 2010. Atividade antibacteriana de extractos de origem marinha contra organismos multirresistentes. American J Pharm Toxicol, 5 (2) 95-102.

Annie S.S.G, e Lipton A.P., 2012. Atividade Larvicida de Mosquito de Metabolitos de Esponjas Marinhas. Global J Pharm, 6 (1) 1-3.

Ara J., Ehteshamul-Haque S., Qasim R., Ahmad V.U., 1999. Atividade citotóxica de macroalgas marinhas em *Artemia salina* (artémia). Phytotherapy Res, 13(4) 304-307.

Aseer M., Nooruddin T., Joseph S., Akbar I., Radhakrishnan S.K., Sugathan S., 2013. Atividade larvicida de mosquitos in vitro de algas marinhas contra os vetores humanos, *Culex quinquefasciatus* (Say) e *Aedes aegypti* (Linnaeus) (diptera: culicidae) Asian Pacific J Trop Med., 923-928.

Bianco E.M. *et al.,* 2012. Atividade larvicida de algas marinhas do nordeste do Brasil e de um sesquiterpeno halogenado contra o mosquito da dengue *(Aedss aegypti)* Ind Crops Prod., 43, 270-275.

Blunden G., 1993. As algas marinhas como fonte de compostos biologicamente activos. Interdisciplinary Science Reviews, 18, 73-80.

Carmichael J., DeGraff W.G., Gazdar A.F. *et al.,* 1987. Avaliação de um ensaio colorimétrico semiautomatizado baseado em tetrazólio: Assessment of Chemo sensitivity Testing. Cancer Res., 47, 936-942.

Carr M.H., Neigel J.E., Estes J.A., Andelman S.J., Warner R.R., Largier J.L., 2001. Comparing marine and terrestrial ecosystems: implications for the design of coastal marine reserves. Marine Terrestrial comparison, 72.

Chinnadurai S.K., Sarada V.L.D., Rengasamy R., 2008. Os extractos de algas marinhas controlam a doença da mancha foliar da planta medicinal *Gymnema sylvestre.* Indian J Sci Technol, 1(3) 1-5.

Dhanalakshmi P.K., Azeez R., Rekha R., Poonkodi S., Nallamuthu T., 2012. Síntese de nanopartículas de prata usando algas verdes e marrons. Sociedade Phycological, Índia, 42 (2) 39-45.

Dinabandhu Sahoo, 2010. Common seaweed of India (Algas comuns da Índia). Editora internacional.

Dovi K, Posner E.K., McDermid K.J., Tabandera K.N., Wright R.P., Wright D.A., 2012. Atividade antioxidante de algas marinhas havaianas. Marine Drugs, 10, 403416.

Doyle R.W., Shackell N.L., Basiao Z., Urawin S., Matricia T., Talbot A.J., 1991. Diversificação selectiva das unidades populacionais de aquacultura: Uma proposta de conservação genética economicamente sustentável. Em Billington, N., Hebert, P. D. N. eds: Ecological and Implications of Fish Introductions, 148-54.

Finney D.J., 1971. Probit Analysis, 3rd Ed., Cambridge University Press, Cambridge UK, 68-72.

Fouzia Banu, Ezhilarasan, Arumugam, Sahadevan, 2011. Síntese verde de nanopartículas de prata de *Cleome viscosa:* Síntese e atividade antimicrobiana Conferência Internacional sobre Biociência, Bioquímica e Bioinformática vol.5.

Fuesetani N., 2000. Drogas do mar. Basileia: Karger, 1-5.

Gandhiyappan K., 2002. Estudos experimentais sobre a utilização de algas marinhas como fertilizante líquido para plantas cultivadas, para camarões e como agentes antimicrobianos. Tese de doutoramento. Tese, Universidade de Annamalai, Índia, 118.

Girija K., Hemalatha A., Saranya C., Parthiban C., Anantharaman P., 2013. Extração e isolamento de florotaninos da alga marinha marrom *Turbinaria ornata* (Turner) *J. agardh* e sua atividade antioxidante. Int J Bioassays, 1185-1189.

Grassle J.F., Lasserre P., McIntyre A.D., Ray G.C., 1991. Marine Biodiversity and Ecosystem Function: A proposal for an International Programme of Research. Biology International Special Issue 23,19p.

Gray J.S., 1997. Marine biodiversity: patterns, threats and conservation needs (Biodiversidade marinha: padrões, ameaças e necessidades de conservação). Biodiversity and Conservation. 6, 153-175.

Griffiths P. e De Hasseth J.A., 2007. Fourier Transform Infrared Spectrometry (2nd Ed.) Hoboken, NJ:Wiley, pp 277-282.

Orientações para o controlo de organismos multirresistentes na Nova Zelândia, 2007

Gupta A.K., Garg S.K., Pal S.K., Saxena M., Sharma, 2011. Desenvolvimento e caraterização de microesferas SRM de Repaglinide. J Drug Deliv Therapeutics, 1(1) 71-77.

Harbone J.B., 1973. Phyto chemical methods: a guide to modem techniques of plant analysis. London: Chapman & Hall.

Jane McGeown, 2013. http://www.uhb.nhs.uk/ Downloads/pdf/. Bactérias resistentes a múltiplos fármacos. Pdf. 2pp.

Jayaseelan C., Abdul Rahuman A., Rajakumar G., Vishnu Kirthi A., Santhoshkumar T., Marimuthu S., Bagavan A., Kamaraj C., Abduz Zahir A., Elango G., 2011. Síntese de nanopartículas de prata pediculocidas e larvicidas através do extrato de folhas da planta de folha de luar, *Tinospora cordifolia* Miers. Parasitol Res. 109, 185-194.

Jeyaseelan E.C., Kothai S., Kavitha R., Tharmila S., Thavaranjit A.C., 2012. Atividade antibacteriana de algumas algas selecionadas presentes nas linhas costeiras da península de Jaffna. Int J Pharm Bio Archives, 3(2) 352-356.

Kalavathi K., 2011. Estudos sobre a atividade antibacteriana de *Turbinaria conoides* (J.Agardh) Kuzing, I860 e *Gracilaria salicornia* (C.Agardh) E.Y Dawson, 1954 de Rameshwaram (costa sudeste da Índia), M.Phil. Tese, Universidade de Periyar.

Kanayairam V., Abdul Rahuman A., Rajakumar G., Mohana Roopan S., Elango G., Kamaraj C., Marimuthu S., Santhoshkumar T., lyappan M., Siva C., 2013. Atividade larvicida de nanopartículas de prata sintetizadas em verde usando extrato aquoso de casca de *Ficus racemosa* contra *Culex quinquefasciatus* e *Culex gelidus.* Asian Pacific J Trop Med., 95-10.

Karthikaidevi G., Manivannan K., Thirumaran G., Anantharaman P., Balasubaramanian T., 2009. Propriedades antibacterianas de algas verdes selecionadas das águas costeiras de Vedalai; Golfo de Mannar, Reserva da Biosfera Marinha, Global J Pharm., 3 (2) 107-112.

Kayalvizhi K., Vasuki S., Anantharaman P., Kathiresan K., 2012. Atividade antimicrobiana de algas marinhas do Golfo de Mannar. Int J Pharm App., 3(2) 306-314.

Khan T.S. e Rind R., 2001. Isolamento e caraterização de espécies bacterianas de feridas cirúrgicas e não cirúrgicas localizadas na superfície do corpo de búfalos, bovinos, ovinos e caprinos. Pakistan J Bio Sci., 4 (6) 696-702.

Khan Z., Singh T., Hussain J.I., Hashmi A.A., 2013. Redução de Au (III) -CTAB por ácido ascórbico: Preparação e caraterização de nanopartículas de ouro. Colloids SurfB: Biointerfaces, 104,11-17.

Kolanjinathan K., Ganesh P., Govindarajan M., 2009. Atividade antibacteriana de extractos de etanol de algas marinhas contra agentes patogénicos bacterianos de peixes. European Rev Med Pharm Sci., 13,173-177.

Kumar P., Senthamil Selvi S., Govindaraju M., 2013. Biossíntese mediada por algas marinhas de nanopartículas de prata usando *Gracilaria corticata* para sua atividade antifúngica contra *Candida* sp. Springerlink.com 3, 495-500.

Kumar P., Senthamil Selvi S., Lakshmi Prabha A., Prem Kumar K., Ganeshkumar R., S., Govindaraju M., 2012. Síntese de nanopartículas de prata de *Sargassum tenerrimum* e triagem de fitoquímicos para sua atividade antibacteriana. Nano Biomed Eng., 4 (1) 12-16.

Manikandan S., Ganesapandiyan S., Manog S., Sangeetha N., Kumaraguru A.K., 2011. Atividade antimicrobiana de algas marinhas contra estirpes resistentes a múltiplos medicamentos. Int J pharm., 7 (4) 522-526.

Mubayi A., Chatterji S., Rai PM., Watai G., 2012. Síntese verde de nanopartículas baseada em evidências. Adv Mat Lett., 3(6)519-525.

Muller B, Batel M., De Rosa, Tommonaro S., Muller S., 2002. Aplicação da cultura de células para a produção de compostos bioactivos a partir de esponjas: Síntese de Avarol por primorfos de *Dysidea avara.* J. Nat. Prod., 63,1077-1081.

Nanthini Devi K., Ajith Kumar T.T., Dhaneesh K.V., Marudhupandi T., Balasubramanian T., 2012. Avaliação das propriedades antibacterianas e antioxidantes da alga castanha, *Sargassum wightii* (Greville, 1848) contra agentes patogénicos bacterianos humanos. Int J Pharm Sci., 4(3) 143-149.

Centro Clínico dos Institutos Nacionais de Saúde de Bethesda, 2013.

Obied A.I., 1983. Investigação de campo, resultados clínicos e laboratoriais da mastite em camelos. Tese de Mestrado, Universidade de Cartum.

Otari S.V., Patil R.M., Nadaf N.H., Ghosh S.J., Pawar S.H., 2012. Biossíntese verde de nanopartículas de prata a partir de uma actinobactéria *Rhodococcus* sp. Mat Lett., 72, 92-94.

Patra J.K., A.P Patra, N.K.Mahapatra, N.H.Thotai, S.Das, K.R.Sahu e C.G.Swain, 2009. Atividade antimicrobiana de extractos de solventes orgânicos de três macroalgas marinhas do lago Chilika, Orissa, Índia. Malaysian J Microbiol, 5(2)128131.

Petit C., Lixon P., Pileni M.P., 1993. J Phys Chern., 997(4) 1297.

Poonguzhali T.V. e Josmin Laali Nisha L.L., 2012. Atividade larvicida de duas algas marinhas, *Ulva fasciata* e *Grateloupia lithophila* contra o mosquito vetor, *Culex quinquefasciatus.* Int J Curr Sci., 163-168.

Radhika D., Veerabahu C., Priya R., 2012. Atividade antibacteriana de algumas algas selecionadas da costa do Golfo de Mannar, sul da Índia. Asian J Pharm Clin Res., 5 (4) 89-90.

Radhika G., Vinayakumaran M., Venkadesan R., Kathiroli, 2007. Organismos marinhos na medicina indiana e suas perspectivas futuras. Nat Prod Radiance, 7(2), 139-145.

Rajakumar G. e Abdul Rahuman A., 2011. Atividade larvicida de nanopartículas de prata sintetizadas usando extrato de folhas de *Eclipta prostrata* contra filariose e vetores de malária. Elsevier, 118,196-203.

Rajasekar T., Priyadharshini P., Deivasigamani B., Kumaran S., George Edward G., Sakthivel M., Balamurugan S., 2013. Isolamento de composto bioativo de algas marinhas contra bactérias patogénicas de peixe *Vibrio alginolyticus* (VA09) e caraterização por FTIR. J Coastal Life Med., 1(1) 26-33.

Rajeshkumar S., Kannan C., Annadurai G., 2012. Síntese e caraterização de nanopartículas de prata antimicrobianas utilizando algas marinhas castanhas *Padma tetrastromatica.* Drug Invention Today 4(10) 511-513.

Rajeshkumar S., Malarkodi C., Vanaja M., Gnanajobitha G., Paulkumar K., Karman C Annadurai G., 2013. Atividade antibacteriana da síntese mediada por algas de nanopartículas de ouro de

*Turbinaria conoides*. Der Pharma Chemica, 5(2) 224-229.

Rameshwari R. e Abirami H., 2013. Atividade antibacteriana de *Gracillaria edulis* (Gmelin) silva da costa sudeste de Tuticorin da Índia. Int J Recent Sei Res., 4 (6) 931-932.

Ravikumar S., Syed Ali M., Margaret Beula J., 2011. Eficácia larvicida de extractos de algas marinhas contra o vetor da dengue *Aedes aegypti*. Asian Pac J Trop Biomed, 143-146.

Ryan, 2004. Sherris Medical Microbiology (4th Ed.), Nova Iorque: McGraw-Hill. ISBN 978-0838585290. OCLC 52358530. LCCN 2003-054180.

Sangeetha N. e Kumaraguru A.K., 2013. Síntese extracelular de nanopartículas de óxido de zinco usando algas marinhas do Golfo de Mannar, Índia. Jornal de Nano biotecnologia 11(39) 1-11.

Saraniya Devi J, Valentin Bhimba B, Krupa Ratnam 2012. Atividade anticancerígena *in vitro* de nanopartículas de prata sintetizadas utilizando o extrato de *Gelidiella* sp. Int J Pharm Pharm Sci., 4(4) 710-715.

Saraniya Devi J. e Valentin B.B., 2012. Atividade Anticâncer de Nanopartículas de Prata Sintetizadas pela Alga *Ulva lactuca* Invitro. Relatórios Científicos de Acesso Aberto, 1, 1-5.

Saranya Devi J., Valentin Bhimba B., Magesh Peter D., 2013. Produção de nanopartículas de prata biogénicas utilizando *Sargassum longifolium* e sua aplicação. Indian J Geo-marine Sci., 42 (1) 125-130.

Sastry M., Ahmad A., Khan M.I., Kumar R., 2003. Biossíntese de nanopartículas metálicas utilizando fungos e Actinomicetos. Curr Sci., 85,162-170.

Senthilkumar P. e Sudha S., 2012. Propriedades antioxidantes e antibacterianas do extrato metanólico da alga verde *Chaetomorpha linumfrom* Gulf of Mannar: costa sudeste da Índia. Jundishapur J Microbiol, 5(2) 411-415.

Shaalan E.A., Canyon D., Younes M.W., Abdel-Wahab H., Mansour A.H., 2005. Uma revisão dos fitoquímicos botânicos com potencial mosquitocida. Environ Int., 31,1149-1166.

Shiaikh W., Shameel M., Hayee-Memon A., Usmanghani Shaeen bano K., Uddin Ahmed V., 1990. Isolamento e caraterização dos constituintes químicos de *Stechospermum marginatum* (Dictyotales, Phaeophyta) e sua atividade antimicrobiana. Jornal Paquistanês de Ciências Farmacêuticas, 3(2) 1-9.

Silva T.H., Alves A., Ferreira B.M., Oliveira J., Reys L.L., Ferreira R.J.F., Sousa R.A., Silva S.S., Mano J.F., Reis R.L., 2012. Materiais de origem marinha: Uma revisão sobre polímeros e cerâmicas de interesse biomédico. Int Mat. Rev., 1-32.

Singaravelu G., Arockiamary J.S., Ganesh Kumar V., Govindaraju K., 2007. Uma nova síntese extracelular de nanopartículas de ouro monodispersas utilizando algas marinhas, *Sargassum wightii* Greville. Colloids Surf. B Biointerfaces. 57, 97-101.

Smith A.J., 2004. Medical and pharmaceutical applications of seaweed natural products-a review. J

Appl Phycol, 16, 245-262.

Stella M.J., Vinotha P., Andrew M.P., 2012. Triagem para atividade citotóxica invitro de algas marinhas, *Sargassum* sp. Contra linhas de células de câncer Hep-2 e MCF-7. Asian Pacific J Can Prev., 13, 6073-6076.

Subba R., Lakshmi G., Manjula E., 2010. Atividade antimicrobiana das algas marinhas *Gracillaria, Padina* e *Sargassum* sp. em agentes clínicos e fitopatogénicos. Int J Chern Anal Sci., 1(6)114-117.

Sudha S.S., Karthic R., Rengaramanujam J., 2013. Síntese mediada por microalgas de nanopartículas de prata e sua atividade antibacteriana contra bactérias patogênicas. Indian J Exp Biol, 52, 393-399.

Taksin E., Ozturk M., Taksin E., Kurt O., 2007. Actividades antibacterianas de algumas algas marinhas do Mar Egeu (Turquia). African J Biotechnol, 6(24) 2746-2751.

Ulia Marton-Lefevre, 2006. Marine Protected Areas - governing our seas for the future European newsletter. União Mundial para a Natureza (UICN) 13, 3-5.

Vijayabaskar P. e Shiyamala V., 2011. Actividades antibacterianas de algas marinhas castanhas (Sargassum *wightii* e *Turbinaria ornata}* da Reserva da Biosfera do Golfo de Mannar. Adv Biol Res., 5 (2) 99-102.

Vinayakam A., Senthilkumar N., Umamaheswari A., 2008. Atividade larvicida de alguns extractos de plantas medicinais contra o vetor da malária *Anopheles stephensi.* Research J Parasitol, 3(2)50-58.

Ward R.D., Woodwark M., Skibinski, O.F., 1994. A comparison of genetic diversity levels in marine, freshwater and anadromous fishes. J Fish Biol, 44, 213-232.

Organização Mundial de Saúde (1981). Instruções para determinar a suscetibilidade ou resistência das larvas de mosquitos aos insecticidas. WHO/VBC, 81, 807-962.

MIX
Papier aus verantwortungsvollen Quellen
Paper from responsible sources
FSC® C105338

Printed by Books on Demand GmbH, Norderstedt / Germany